商品信息采集与图片优化

主　编　董随东　王淼静

电子科技大学出版社
University of Electronic Science and Technology of China Press
·成都·

图书在版编目（CIP）数据

商品信息采集与图片优化 / 董随东 , 王淼静主编 .
-- 成都 : 电子科技大学出版社 , 2020.12
ISBN 978-7-5647-8472-0

Ⅰ . ①商… Ⅱ . ①董… ②王… Ⅲ . ①商品信息—采集②商业摄影—摄影技术③图像处理软件 Ⅳ .
① F713.51 ② J412.9 ③ TP391.413

中国版本图书馆 CIP 数据核字（2020）第 218181 号

商品信息采集与图片优化
SHANGPIN XINXI CAIJI YU TUPIAN YOUHUA

董随东　王淼静　主编

策划编辑　罗　丹
责任编辑　罗　丹

出版发行	电子科技大学出版社
	成都市一环路东一段 159 号电子信息产业大厦九楼　邮编 610051
主　　页	www.uestcp.com.cn
服务电话	028-83203399
邮购电话	028-83201495
印　　刷	内蒙古惠明印刷包装有限公司
成品尺寸	210mm×285mm
印　　张	12
字　　数	332 千字
版　　次	2024 年 6 月修订
印　　次	2024 年 6 月第 1 次印刷
书　　号	ISBN 978-7-5647-8472-0
定　　价	46.80 元

版权所有，侵权必究

前言

　　本书以"网店商品信息采编"岗位的典型工作任务为主线进行设计,详细介绍了商品信息采编流程、拍摄设备的使用、商品信息采编技能、典型商品的拍摄方案制定与实施、商品图片优化、商品详情页制作6个典型岗位工作环节的技能。本书以项目带入的形式使岗位技能场景化,以任务导向的形式使工作流程模块化,以活动指导的形式使专业知识具体化。同时,为满足当前师生逐步将"1+X"技能融入课程的需求,本书精选了与电子商务"1+X"网络运营推广匹配度较高的商品类目作为案例,可满足课、赛、证三融通的教学需求。将思政教学内容寓无形于有形,在每个项目每个任务中将教学元素与思政元素相结合,优化教学内容,做到专业树人与立德育人相结合。

　　本书实例丰富、讲解细致,注重激发读者兴趣和培养动手能力,适合从事网店商品采编人员和营销人员学习参考,也可用作电子商务及相关专业教学教材。

　　本书由董随东、王淼静担任主编。本书的整体结构、框架、文中出现的概念定义、典型活动案例由董随东、王淼静两位老师共同审稿确定。

　　未经许可,不得以任何方式复制或抄袭本书之部分或全部内容。

编　者

本书编委会

主　编

董随东　王淼静

副主编

任桂玲　王洪霞　岳　甜　李天琪

李　纯　余　婕　蒋梦娟　房官建

李淑慈　许　耿　秦景丽　焦　芬

目录

项目一 走近商品信息采编

任务　初识商品采编岗位 2
　　活动一　不可或缺的商品采编 2
　　活动二　不可不知的商品采编技能 10

项目二 了解你手中的拍摄器材

任务一　选择合适的装备 28
　　活动一　相机的种类 28
　　活动二　了解拍摄的辅助设备 31
任务二　认识你手中的相机 37
　　活动一　相机镜头的组装 37
　　活动二　相机的功能调节 38

项目三 商品拍摄技能

任务一　熟练使用相机 46
　　活动一　选好拍摄场景 46
　　活动二　正确对焦 48
　　活动三　巧用曝光三要素 49
任务二　营造完美光线 52
　　活动一　光源的运用 52
　　活动二　常见的布光方式 54
任务三　巧妙构图拍出好照片 59
　　活动一　常见的构图方法 59
　　活动二　常用构图技巧案例分享 64

项目四 典型品类商品拍摄

任务一　食品类商品拍摄——拍摄红茶袋泡茶 69
　　活动一　红茶特点提炼 69
　　活动二　设计商品拍摄方案 71
任务二　服装类商品拍摄——拍摄男士衬衫 77
　　活动一　男士衬衫特点提炼 77
　　活动二　设计商品拍摄方案 78
任务三　数码产品类商品拍摄——拍摄鼠标 84
　　活动一　鼠标特点提炼 84
　　活动二　设计商品拍摄方案 85

任务四　美妆护肤类商品拍摄——拍摄润肤霜 ... 91
　　活动一　润肤霜特点提炼 ... 91
　　活动二　设计商品拍摄方案 ... 92

任务五　百货类商品拍摄——拍摄保温杯 ... 98
　　活动一　保温杯特点提炼 ... 98
　　活动二　设计商品拍摄方案 ... 99

任务六　鞋类商品拍摄——拍摄运动鞋 ... 105
　　活动一　运动鞋特点提炼 ... 105
　　活动二　设计商品拍摄方案 ... 106

任务七　箱包类商品拍摄——拍摄拉杆箱 ... 113
　　活动一　拉杆箱特点提炼 ... 113
　　活动二　设计商品拍摄方案 ... 114

任务八　珠宝首饰类商品拍摄——拍摄故宫文创手链 ... 120
　　活动一　手链特点提炼 ... 120
　　活动二　设计商品拍摄方案 ... 121

项目五　商品图片处理

任务一　调整商品图片 ... 128
　　活动一　调整图片的角度 ... 128
　　活动二　图片的裁剪 ... 130
　　活动三　调整图片大小 ... 131
　　活动四　调整图片曝光度 ... 132
　　活动五　调整图片饱和度 ... 134
　　活动六　调整图片清晰度 ... 135

任务二　修复商品图片 ... 137
　　活动一　修复图片瑕疵 ... 137
　　活动二　修复图片色彩 ... 139

任务三　改变图片视觉效果 ... 143
　　活动一　添加视觉特效 ... 143
　　活动二　为图片添加水印和边框 ... 150

任务四　快速处理海量图片 ... 154
　　活动　批处理商品图片 ... 154

项目六　商品详情页制作

任务　制作具有品质感的红茶详情页 ... 159
　　活动一　红茶商品详情页的设计思路 ... 160
　　活动二　红茶商品详情页的制作 ... 161

项目一
走近商品信息采编

【项目简介】

商品信息采编是电子商务活动中的重要一环，它不仅决定了商品能否得到有效展示，还会直接影响顾客的购买决策。在实体销售领域中，影响顾客的往往是对品牌的认知、橱窗的展示设计、商品促销信息等；而在电子商务环境中，专业化的商品信息采集以及有设计感的详情页制作有助于让消费者产生良好的购物体验，引起消费者的消费欲望，提升品牌形象。

通过项目一的学习，同学们可以了解商品信息采编的含义及其在电子商务中的重要性，理解商品信息采编的基本岗位技能要求，并了解商品信息采编未来的发展趋势。

【项目目标】

- 了解商品信息采编的含义；
- 理解商品信息采编不同岗位的技能要求；
- 了解商品信息采编的发展趋势。

【思政目标】

- 理解商品采编工作需要的技能，熟练掌握技能才能以扎实的技能为基础，创新创意出有价值的工作内容。
- 了解如何在具体工作中精益求精，发挥工匠精神。
- 理解商品信息采编岗位的角色和责任，诚信经营，愿意为之付出自己的劳动。

任务　初识商品采编岗位

【任务介绍】

在电子商务活动中，商家想要将商品展示给消费者，都必须进行商品信息采编。在任务一中，我们将通过学习，全方位认识商品信息采编及其相关岗位。通过活动一，同学们可以了解商品信息采编的定义、重要性、发展趋势；通过活动二，同学们可以了解商品信息采编岗位所需的技能要求。

【任务实施】

活动一　不可或缺的商品采编

一、商品信息采编的定义

商品信息采编是指在电子商务活动中，为了使商品信息准确、清晰、详细地表达与传递，通过运用摄影技术、图片美化技巧、图文编排设计，完成商品信息采集、图片处理，进而形成商品详细页的一系列技术流程。

对商品进行拍摄、图片美化、页面制作等一系列工作，被称为商品信息的采集与编辑，简称商品信息采编或商品采编。

二、商品信息采编在电子商务中的重要性

在电子商务活动中，顾客无法实际接触商品，对于商品的印象源于网页呈现的信息，包括图片信息、文字信息和视频信息。如果这些信息不完整、不清晰，缺乏美感，既难以突出产品的卖点，也无法打动顾客。

图1-1　未经过商品采编的红心柚　　　　　图1-2　经过商品采编的红心柚图片

以红心柚商品为例，图1-1是拍摄后直接将原图作为商品图片，图1-2是经过商品信息采编后的商品图片。通过对比，我们不难发现两张图片各具优势，图1-1在商品信息采集方面更加出色，红心柚的摆盘和色调调整做得非常好，而图1-2在图文优化处理上更胜一筹，卖点突出，字体的颜色和设计更具灵动性。

具体来说，商品信息采编在以下四个方面起到了重要作用。

（一）满足顾客了解商品信息的需求

在电子商务活动中，顾客无法接触商品实物，商家只能通过网页上的图片、文字、视频来进行说明，展示商品的属性、效果、功能等商业价值。因此，在商品采编过程中，一件商品往往有一系列的介绍。

从各个角度拍摄商品图，包括一些细节拍摄，以展示商品的形、色、质。对于某些商品，如衣服、包、丝巾、配饰等，更有模特亲自示范，使顾客能从不同角度做出自己的选择。至于电子产品，不仅配有多张图片，

更有详细的商品参数介绍。商品信息采编的全面性，可以很好地满足顾客对于了解商品信息的需求。例如，图1-3京东上某品牌双肩包的商品信息图。

图1-3 京东上某品牌双肩包的商品信息图

该产品图片清晰、构图美观、介绍详尽、优势突显，顾客浏览商品详情页后，可以充分了解商品信息，可以帮助完成转化。

（二）降低了商家的运营成本

在电子商务活动中，商家的一项重要运营成本是管理成本。管理成本主要取决于商家管理的有效性，如何能够用最少的人，有效地进行网店的管理与运营，而这一点与商品信息采编可谓关系密切。

如果商品信息采编能够做到准确、详细、美观且卖点突出，使顾客通过浏览商品详情页面就能充分了解所需信息，无须咨询客服，就能爽快下单，这样电商运营成本就可以降低。例如，图1-4中，通过商品采编可以直接把核心卖点提供给用户，不需要客服再去做过多的介绍。

图1-4 提炼产品核心卖点

项目一 走近商品信息采编

（三）直接影响商品的销量

商品的销售量是衡量电子商务成败的重要指标。影响销量的因素是多方面的，包括商品的质量、商品的性价比、商品的受欢迎程度、网站的流量、服务的质量和商品信息页的设计等。其中，商品信息页的设计是商品信息采编的结果，商品信息采编出彩，则顾客关注度高，顾客的转化率也高。

如果商品信息采编可以从顾客心理出发，想顾客所想，把顾客的关注点准确、详尽地介绍清楚，并突出自家商品与同类商品相比的优势之处，就更容易打动更多顾客的心，在销量上有更好的表现。

例如，图1-5是一款看似普通的背包，但是在京东上月销量可以达到四万多件（2020年8月数据）。

图1-5　京东上某品牌背包截图

为什么一款普通的背包可以达到如此惊人的销量呢？质量过硬、价格优惠当然至关重要，但是出色的商品信息采编也功不可没。在这款商品的介绍页面中，我们不仅可以看到各个角度拍摄的细节清晰的商品图，帅气的模特展示，还可以看到一个商品介绍短视频，将商品的所有优势、功能都展示得一目了然。如图1-6所示。

图1-6　模特展示图（左）和视频截图（右）

（四）直接影响商家的品牌形象

品牌形象是指企业（品牌）在市场上留给公众的个性特征，目前品牌形象主要用量化的方式进行考察，考察的指标主要为品牌知名度（公众知名度）、品牌美誉度、品牌反映度、品牌传播度、品牌追随度，因此商家在塑造品牌形象时必须考虑到这些因素。

商品信息采编的过程，就是一个让商品的外观、品质、个性突显的过程，是一个影响商品美誉度的关键环节。如果想让自家品牌在众多竞争对手中脱颖而出，被更多消费者所熟知，就必须重视商品信息采编环节。当商品具备自己独特而鲜明的形象时，才能获得消费者的青睐，进而促进品牌的形象塑造和发展。例如辣条的采编升级，模仿了苹果风格的页面设计，提升了品牌形象，如图1-7所示。

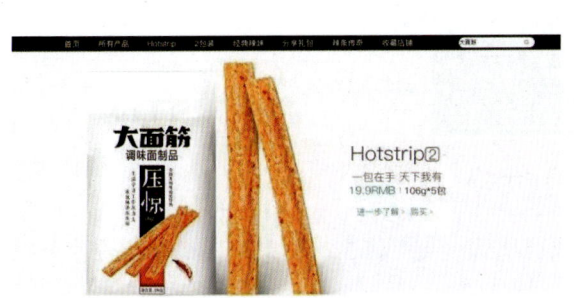 

图1-7　辣条的采编升级

三、商品信息采编的发展趋势

商品详情页在电商运营中日趋重要，商品信息采编手段也日趋多样化。商品信息采编的三大发展趋势是简洁化、视频化和虚拟互动。

（一）商品采编的简洁化

在中国电商的早期发展阶段，设计以丰盛为美，追求琳琅满目的感觉。这和我们中国人崇尚丰饶富足的传统有关，连国人最偏爱的颜色，也是浓烈的红色；欧美国家更崇尚简约，所以我们会看到面向欧美用户的App，界面大多设计得简单、清爽。

举例来说，淘宝与亚马逊是东西方的电商巨头代表，看看这两个网站早期的首页，设计风格可谓大相径庭。如图1-8和图1-9所示。

图1-8　早期淘宝网首页　　　　　　　　图1-9　早期亚马逊网首页

亚马逊在配色上只用到了黑色、蓝色和一点棕色，文字内容强调逻辑性，重点鲜明；反观淘宝网，以高饱和度的橙色作为主色，商品陈列丰富，符合中国人的购物习惯。

在物质过剩的年代，人们越来越能体会到简约和节制之美，进而在电商领域，我们看到，简洁化成了商品信息采编的一个必然发展趋势。

图1-10　网易严选的首页

图1-10为网易严选的首页界面，简洁的设计风格显得颇有质感，与严选主推精选好物的理念也十分契合。

（二）商品采编的视频化

近年来，抖音、快手、火山小视频等短视频软件火爆网络，改变了昔日以图文为主的信息获取方式。

抖音

快手

火山视频

图1-11　各视频App截图

越来越多的年轻人更钟爱短视频这种耗时短、感官刺激更强烈的信息获取方式。这项新趋势不可避免地对电商领域造成了影响，纵观当今电商产品介绍页面，不难发现，视频化的趋势已经非常普遍。介绍商品的短视频大量出现在商品头图、详情页、店铺首页、微淘等私域，同时也覆盖手淘每日好店、爱逛街、有好货、必买清单等诸多公域渠道。

例如，当我们用手机在淘宝上搜索某类商品时，点击一款商品（见图1-12），浏览该商品详情页时就可以看到该商品的视频介绍，快速直接，更符合年轻人获取信息的习惯。

如今在许多商品的主图位置上，都可以看到视频和图片并列展示，顾客可以自主选择观看视频或浏览图片。商品信息采编视频化有以下优点。

淘宝移动端搜索页面

商品详情页主图界面

图1-12　商品详情页界面

1. 视频包含的信息量大

图文介绍的信息承载量是十分有限的，而视频则可以依据具体内容，随意裁剪长度，使顾客对产品特性、功用、机理及使用方法等信息获得全面、清晰的了解（见图1-13）。

图1-13　视频化的NB515系列运动鞋

2. 感染力强，比图文介绍更容易打动顾客

有了短视频，商家不必再向经销商或客户做繁复的介绍了。一帧帧考究的画面，搭配富有感染力的音乐，可以从视觉、听觉多方面来"攻陷"顾客的心。

在上文中，我们曾介绍过一款月销四万件的背包（见图1-5），而图1-14即是从该背包介绍视频中截取的一帧画面。任何一位潜在顾客，看到这个画面，脑海中都会深深留下这款背包防水性能卓越的印象。在信息传达上，这样的一帧帧画面，胜过千言万语。

图1-14　某品牌背包介绍视频截图

图1-14是该背包的另一卖点介绍，通过画面颜色的调整，使得一款纯黑色的背包立刻生动起来，而科技感十足的蓝色特效，使卖点介绍显得更加可信。

3.视频与图文结合，效果更优

虽然商品信息采编的视频化是大势所趋，但绝大部分商家并没有因此放弃图文介绍，而是选择双管齐下，打组合拳。视频既可以补充图文介绍未涉及的信息，也可以对现有的卖点进行强化。

图1-15　某品牌红心柚介绍视频截图

图1-15截取自某品牌红心柚的介绍视频。视频中店主将新鲜的柚子从树上摘下，当场将柚子皮轻松剥开，露出果肉。视频只有短短30秒，而且拍摄手法非常简单，后期处理也很少。但是，当镜头对准挂在树上的柚子时，展现出了红心柚饱满的果实、成熟的颜色、鲜嫩多汁的果肉。通过音画烘托，图文介绍中重点突出的这些卖点就显得更加可信了。

（三）商品采编的虚拟互动

随着电子商务业的蓬勃发展，越来越多的消费者青睐网上购物的方式。网购的优点是方便、快捷、性价比高，但与实体店相比，网购也存在一些缺点。例如，商品不可感知触摸，消费者只能靠视觉体验来判断是否适合自己。

对于书籍、数码产品而言，购买前是否触摸体验或许影响不大，但是对于服装类商品而言，先试后买是人们的固有习惯，网购则无法实现。

如何解决网购存在的这个问题呢？

当前VR（Virtual Reality）和AR（Augmented Reality）的互动技术，即虚拟现实与增强现实技术的结合解决了这一网购痛点。这项技术不仅可以运用在服饰方面，还可以运用到家具、玩具等多个领域。用手机"摆量"家具，用眼睛"试穿"衣服，用户在家中就可以直观看到1∶1大小的商品模型、查看细节，甚至模拟试穿试戴。

目前很多服装品牌都推出了4D虚拟试衣产品（见图1-16），可以做到足不出户，在线试衣，非常方便。

图1-16　服装虚拟试衣软件

为了让消费者有更好的购物体验，越来越多的电商开始注重虚拟技术的开发，京东也将上线移动端的京东试衣间，该功能是基于人工智能和仿真技术的虚拟试衣系统，旨在解决用户线上购买服装遇到的难题，如图1-17所示。

图1-17　京东虚拟试衣间

【实战训练】

分组体验：以小组为单位，选择一件商品，拍摄并制作一个简单的商品介绍视频。

项目一　走近商品信息采编

活动二　不可不知的商品采编技能

一、商品拍摄的技能

商品拍摄的关键在于对商品有机的组织、恰当的用光、合理的构图,将这些商品表现得静中有动,栩栩如生,通过你的照片给买家以真实的感受。

(一)器材的选择

1.相机的选择

市面上的相机种类繁多,对于商品信息采集而言,最好有一款适合静物拍摄的相机,有微距功能的单反相机是比较理想的器材,较为知名的品牌有尼康、佳能、索尼、卡西欧、松下、三星、奥林巴斯等。尼康(Nikon)D5600单反数码照相机如图1-18所示。

图1-18　尼康(Nikon)D5600单反数码照相机

2.三脚架

为了避免相机晃动,保证影像的清晰度,三脚架也是从事商品信息采集不可或缺的工具,如图1-19所示。

图1-19　三脚架

3.灯具

灯具是室内拍摄的主要工具,如果有条件的话,应具备三盏以上的照明灯。建议使用30瓦以上三色白光节能灯,价格相对便宜,色温也好。

4.商品拍摄台

商品拍摄台(见图1-20)是进行商品拍摄必备的,但也可以因陋就简,灵活运用。办公桌、家庭用的茶几、方桌、椅子和大一些的纸箱，甚至光滑平整的地面均可以作为拍摄台使用。

图1-20　商品拍摄台

5.背景材料

背景材料，可以准备一些白色和纯色的背景，如图1-21所示，采用纯灰色背景，也可以准备一些质地不同(纯毛、化纤、丝绸)的布料作为背景使用。

图1-21　灰色背景拍摄的商品

（二）商品拍摄技能

商品拍摄的技巧非常关键，包括光线的使用、拍摄构图方法、场景布置、拍摄角度和摆放位置等。

1.光线的使用

拍摄环境要有充足的光源，如果有条件的话，建议最好利用人工光源，以增添拍摄效果。例如手表摄影和珠宝摄影，如图1-22和1-23所示。

图1-22　手表摄影

图1-23　珠宝摄影

2.拍摄构图方法

控制好商品在照片中出现的位置以及比例大小,掌握如三分法(九宫格构图)、对称式、框架式、中心构图、引导线构图、对角线和三角形、极简构图和留白、均衡式构图、黄金分割构图等方法。拍摄的构图方法与图片美化时的布局方法是相类似的,具体方法讲解会在图片优化技能里展开,这里为大家举两个例子。

(1)黄金分割构图法

黄金分割图在突出拍摄主图商品的同时,还能使消费者的视觉感受十分舒服,从而得到美的享受,如图1-24所示。

图1-24 黄金分割构图

(2)三角形构图法

三角形构图法是一种将产品摆放到三角形区域内的构图法则(见图1-25)。大家都知道三角形具有稳定性,因此,三角形构图法的优点在于,它可以形成一个稳定的整体区域。

图1-25 三角构图法摄影

3.场景布置

单一背景容易造成视觉疲劳,用一些可爱的小物品进行点缀,如鲜花、绿植,就可拍出独一无二的商品照片,如图1-26所示。

图1-26　几抹绿色的点缀为画面增添了生动感

4.拍摄角度

相同场景不同角度拍摄到的画面，所拍摄出来的画面情感和表现心理是完全不同的。在拍摄过程中，要根据需要表达的含义，选择好拍摄角度。

（1）平角

平角又称为一般拍摄角度，是将对象物体置于与摄像机镜头水平的位置上进行拍摄，如图1-27所示。平角拍摄是画面创作中最为常用的拍摄角度，也是人们观察事物的一般角度。

图1-27　平角拍摄

（2）仰角

仰角拍摄就是将对象物体置于视平线上，摄影机是处于低于视平线的位置，也就是从低处向上仰角拍摄，如图1-28所示。这种角度会让观众产生一种摄像物体形象高大、强壮、精力充沛的感觉。这种画面一般用于人物场景的拍摄，显得人高大、英武。

图1-28　仰角拍摄

（3）俯角

与仰角相反，用俯角拍摄时是将被拍摄物体置于摄像师的视平线下的位置，从高处往下拍摄，如图1-29所示。俯角拍摄一般用来展示环境的全貌，拍摄主体有多个时常选用俯角拍摄。

图1-29 俯角拍摄

（4）倾斜角

倾斜角拍摄就是先将拍摄物体与视平线形成一定的角度，再改变取景框中的水平线的位置。这种画面多用拍摄多个产品，如图1-30就是通过构图后进行倾斜角拍摄来展示商品多个型号的。

图1-30 倾斜角拍摄

（5）主观拍摄角

主观拍摄角也就是主观镜头，就是将摄影机置于影片中的某个人物的视点上，以该人物的感受向观众交代或展示景物，如图1-31所示。它用来表现特定人物的特定感受，带有强烈的主观色彩。

图1-31 主观拍摄角

5.商品的摆放

在拍摄商品时,摆放的位置也是一种非常重要的陈列艺术,不同的造型和摆放方式可以带来不同的视觉效果。

(1)摆放的角度

例如在拍摄长形的商品时,可以斜着摆放,这样不仅可以减少画面的压迫感,还可以更好地展现商品主题,如图1-32所示。

图1-32　商品摆放角度

(2)商品的造型设计

在摆放较为柔软的商品时,还可以对其外形进行二次设计,以增加画面的美感,如图1-33中,将毛巾叠放或是铺开摆放,画面更加灵动,更能体现商品柔软、整洁的属性。

图1-33　商品摆放角度

(3)商品的环境搭配

在摆放商品时,还需要对环境进行一些适当的设计,为商品添加一些装饰物来进行搭配,可以让商品显得精致。搭配物可以是其他颜色的同类商品,也可以是一些较养眼的植物盆栽等,如图1-34所示。

图1-34　商品环境搭配

（4）商品的组合摆放

在拍摄不同颜色的商品组合时，需要注意摆放规则，要符合商品的造型美感，让画面显得有秩序，可以采用疏密相间、堆叠、斜线、V形、S形或交叉等摆放方式，让画面看上去更加丰富和饱满，同时还可以展现出一定的韵律感，如图1-35所示。

图1-35　商品组合摆放

（5）摆放要突出主题

主题就是商家在照片中要体现的商品主题和要表达的商品信息。在图1-36所示的画面中，拍摄者运用了非常巧妙的位置摆放，将前景的主体突出，而后面的商品则适当虚化，此构图合理地突出了商品主题。

图1-36　商品摆放突出主题

二、商品图片优化的技能

一张好的图片胜过千言万语。商品图片拍摄仅仅是第一步，网店多数要对拍摄的商品图片进行后期加工和处理（见图1-37）。

图1-37　使用Photoshop前后图片对比

（一）使用Photoshop软件或其他常用图片美化软件对图片进行基本处理的技能

几款常用的图片美化软件如图1-38所示。

图1-38　几款常用图片美化软件

在众多软件中，大部分软件是可以一键智能修图的，操作相对简单，但图片的质量与效果也有局限性。而Photoshop软件，虽然对初学者来说学习起来相对那些移动App或者即用即会型的软件略显困难，但他强大的功能，能够为电商产品图片的美化提供更多空间，也是行业从业人员使用最多的一款软件。建议读者直接学习Photoshop软件。

（二）调整商品图片的尺寸、曝光度、饱和度、清晰度的技能

在日常工作中，我们需要根据店铺需求对拍摄图片进行调整，常见的图片调整有以下几方面。

1.调整图片的尺寸

直接拍摄的商品图片尺寸都比较大，需要通过调整尺寸以适应店铺和平台的使用要求，如图1-39所示。

图片尺寸修改（前）　　　　　　　　　　图片尺寸修改（后）

图1-39　调整图片尺寸对比

2.修改图片曝光度

曝光度过高或过低都会影响拍摄图片的质量，如果因为拍摄时没有控制好曝光度参数，可以通过后期处理来优化照片质量，如图1-40所示。

图片曝光度修改（前）　　　　　　　　　　图片曝光度修改（后）

图1-40　调整图片曝光对比

3.修改图片饱和度

饱和度主要决定了商品照片的色彩鲜艳程度，通过调整饱和度可以让商品颜色更加真实，减少实物商品与图片的色差，如图1-41所示。

图片饱和度修改（前）　　　　　　　　图片饱和度修改（后）

图1-41　调整图片饱和度对比

4.调整图片清晰度

调整图片清晰度，是为了解决因拍摄时的种种原因导致图片不清晰的问题，需要通过后期调整将图片变得清晰，如图1-42所示。

图片清晰度修改（前）　　　　　　　　图片清晰度修改（后）

图1-42　调整图片清晰度对比

（三）对商品图片进行修复的技能

商品图片修复主要是针对有瑕疵的照片或者颜色失真的照片进行修改。

1.修复有瑕疵的照片

如图1-43所示，拍摄时图片上方有反光，出现了一条反光柱，通过Photoshop的内容识别，可以进行完美修复。

修复前　　　　　　　　　　　修复后

图1-43　修复闪光瑕疵对比

2.照片颜色修复

由于产品本身的色彩不够鲜明，在拍摄时没能很好地表现出产品的优势，所以需要用Photoshop软件调整图片的色彩，增加图片中商品的质感，如图1-44所示。

修复前　　　　　　　　　　　修复后

图1-44　调整图片颜色对比

（四）改变图片视觉效果的技能

1.改变背景

同样的商品，搭配不同的背景可表达不同的内容。一般情况下，可使用抠图的方法来替换背景，如图1-45所示。

图1-45　调整图片背景对比

项目一　走近商品信息采编

2.添加倒影

为某些商品添加倒影，可以增强商品的高贵感与品质，尤其适合酒类与珠宝类商品使用，如图1-46所示。

图1-46　为蛋糕添加倒影

3.添加水印

为商品图片添加水印，可以有效降低被盗图的风险，如图1-47所示。

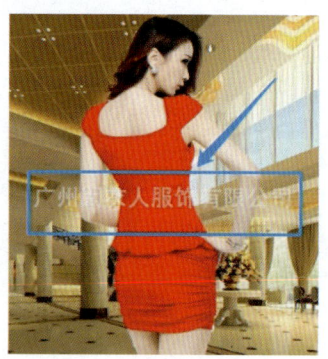

图1-47　为商品图片添加水印

4.添加文字和边框

通过为图片添加文字与边框，可以起到突出产品核心卖点的作用，增加图片的整齐度，如图1-48所示。

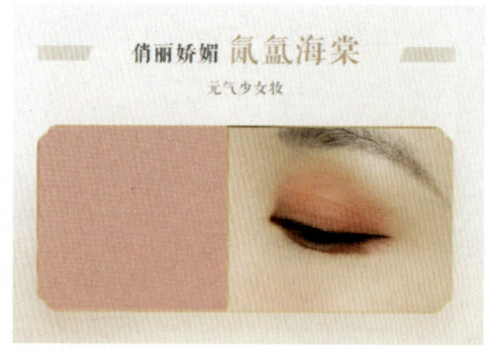

图1-48　为图片添加文字与边框

（五）快速处理海量图片的技能

在日常工作中，有时需要对批量图片进行相同的操作。例如，对批量图片添加统一Logo的时候，可以通过Photoshop中的"动作"功能进行快速批处理图片（见图1-49）。

1.依次点击"菜单栏"→"窗口"→"动作"→"新建动作"图标，新建一个动作。

2.在图片上添加文字水印，依次点击"菜单栏"→"图层"→"合并可见图层"。

3.点击"停止"按钮停止录制，依次点击"菜单栏"→"文件"→"自动"→"批处理"即可批量添加水印。

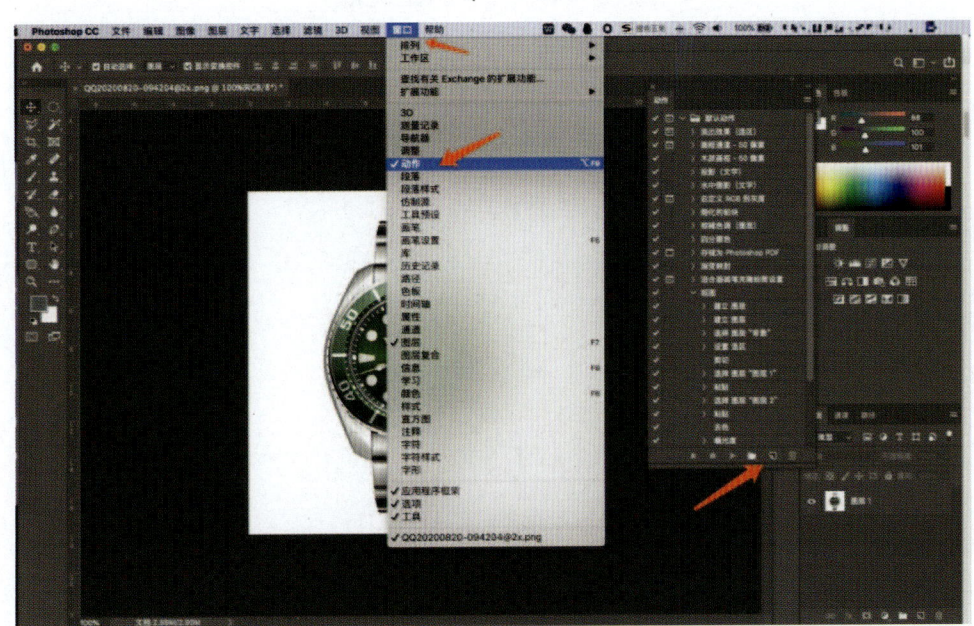

图1-49　批量处理图片

三、制作商品详情页的技能

详情页是展示商品各项特点和功能的地方，优秀的商品详情页可以留住顾客，引导顾客，最终促成订单。如果店铺的详情页只是简单地展示商品照片，搭配仅能提供基本产品信息的文字，这样只会使客户感到平淡如水，也很难勾起人的购买欲望。

优秀的商品详情页应该包括好的配色、好的文案、好的构图以及好的排版布局，主要涉及以下几方面的技能。

（一）色彩搭配技能

1.选取比产品图片更浅的颜色用做背景色

详情页的配色很重要，毕竟想要让买家一眼就注意到宝贝的话，就要用一种协调的颜色来衬托。例如做女装商品详情页时，常用的一个技巧就是将服装的颜色作为基色，然后将其变淡后铺为背景色，这样详情页的画面效果就会变得更美观、悦目了。

如图1-50所示，这是一张商品详情页模板，洋气大方的风衣衬托出模特的高贵气质，而极浅的卡其色背景，让人们一眼就记住了这款风衣，也令整个画面的色彩更协调、赏心悦目。

图1-50　同色系浅色背景衬托产品主体

2.让背景色变得干净、纯粹

商品详情页的配色不宜太多,如果背景色多而杂乱的话,是很容易掩盖商品的真正风采的。所以可以考虑选区干净的颜色作为背景色,这样就能很好地衬托商品的风姿了。

如图1-51所示的这张运动鞋的商品详情页模板,采用的就是纯色背景,这样可以直奔主题,表达出商品的特点。

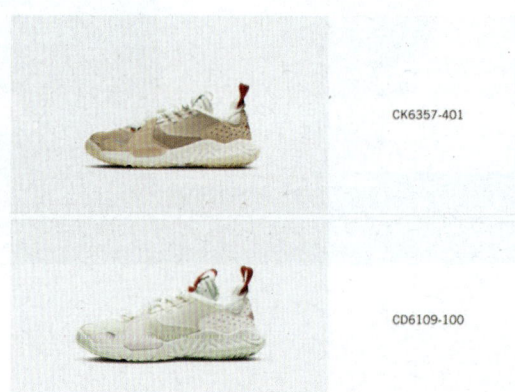

图1-51　纯色背景突出产品特色

(二)文案制作技能

(1)紧贴店铺定位,强调自己的优势与特色,如图1-52所示。

图1-52　文案编写紧贴店铺定位

（2）从目标人群的痛点入手，找到为什么必须要买这款产品的理由，如图1-53所示。

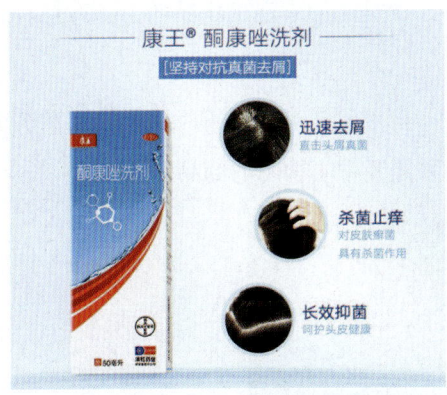

图1-53　文案编写针对目标人群痛点

（3）逻辑性引导文案。好的详情页非常注重逻辑性，能根据顾客的实际顾虑而逐步地进行分解性讲解，一步步突破顾客的顾虑，从而产生下单意愿，如图1-54和图1-55所示。

　　　　　　　　　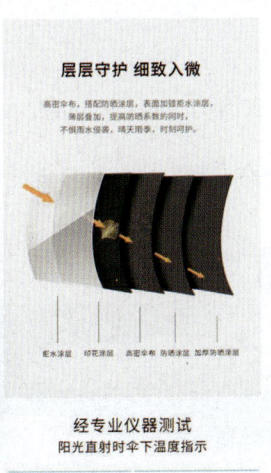

图1-54　遮阳伞详情页　　　　　　　　　图1-55　遮阳伞详情页

（4）情感营销文案。一个优秀的故事必定能调动浏览者的情绪，让顾客在观看过程中不知不觉地被潜移默化，认同商品的价值，最后促成购买。如图1-56所示的蜂蜜产品详情页就属于情感营销文案。

图1-56　蜂蜜产品详情页

项目一　走近商品信息采编

（三）图片构图技能

优秀的构图不仅让作品充满美感，而且还能表现出作品的主题思想。主要构图方式有以下几种。

1.中心构图

中心构图的关键点在于在画面中心位置安排商品元素。这样的构图能给人稳定、庄重的感觉，比较适合表现对称的画面元素。如图1-57所示为采用了中心构图的商品banner图。

 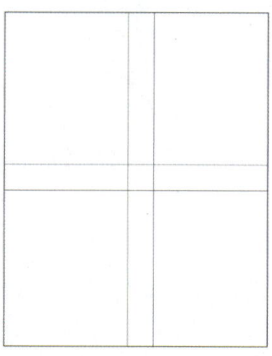

图1-57　中心构图

2.九宫格构图

九宫格构图能够向浏览者呈现变化与动感，使画面富有活力，如图1-58所示。

图1-58　九宫格构图

3.对角线构图

对角线构图与中心构图相比具有打破平衡、活泼生动的特点，如图1-59所示为采用了对角线构图的商品。

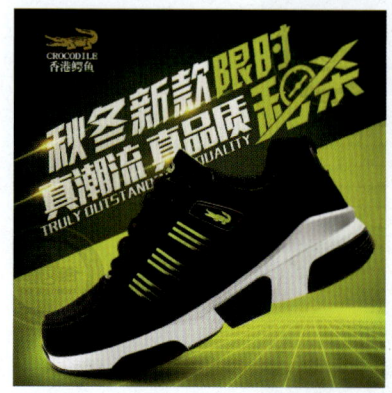 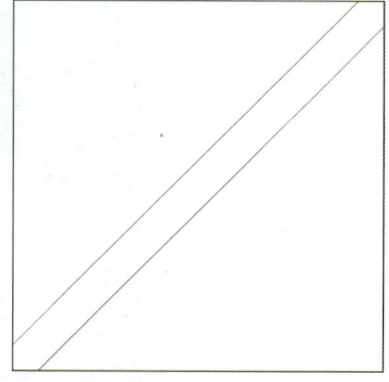

图1-59　对角线构图

4.三角形构图

三角形构图就是在设计中以3个视觉中心为元素的主要位置,形成一个三角形,如图1-60所示。

图1-60 三角形构图

5.黄金分割构图

黄金分割构图具有严格的和谐性、艺术性和比例性,蕴藏着丰富的美学价值,如图1-61所示。

图1-61 黄金分割构图

(四)详情页的排版布局技能

1.详情页的基本排版布局

详情页的排版布局主要还是以顾客需求为出发点,合理的布局能起到一个导购的作用,通过清晰的逻辑引领顾客逐步了解产品的详情。我们可以从以下三个方面来合理安排页面的布局,根据商品特点适当调整每个方面包含的内容。

商品详情页的布局样式繁多,没有固定的标准,图1-62所示的是通常情况下详情页的基本组成模块。

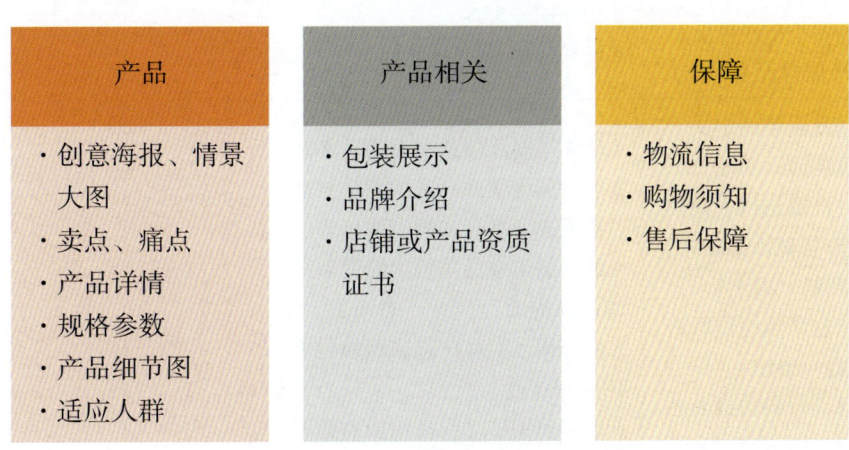

图1-62 商品详情页基本组成模块

2.巧用商品详情页模板

在一些设计平台还可以找到一些商品详情页模板,在其基础上进行编辑,可以大大减少工作量,图1-63所示是部分模板示例。

图1-63 不同风格的商品详情页模板

【实战训练】

拍摄一件商品,选用任意的图片美化软件对照片进行后期处理,体验商品采编的工作流程。

【任务评价】

过程考核评价表							
课程名称	商品信息采集与图片优化		学习任务	了解商品信息采编定义、重要性、发展趋势; 理解商品信息采编技能			
班级:		姓名:		学号:		指导教师:	
评价项目	评价标准	评价依据	评价方式		得分	总分
			小组评价 (30%)	教师评价 (70%)		
职业素质	1.语言表达能力和逻辑分析能力(10分) 2.具有科学、严谨、创新的工作态度(10分) 3.具有较强的安全生产意识、质量意识、环保意识(10分)	1.教学日志 2.考勤、值日 3.课堂表现记录 4.工作现场表现 5.现场6s管理				
专业知识与技能	1.理解商品信息采集的定义、重要性、发展趋势(10分) 2.了解对一件商品进行视频拍摄的方法,知道商品采编中视频拍摄的流程(20分) 3.理解商品信息采编岗位所需要具备的技能(20分) 4.掌握使用移动设备拍摄商品的技能,能用简单的图片处理软件美化照片(20分)	1.能简述商品信息采编的定义 2.能举例说明商品采编的重要性 3.能简述商品采编的发展趋势 4.能绘制出商品采编中的视频拍摄的流程图 5.能够描述商品信息采编的岗位内容和技能 6.能够使用移动设备拍摄商品图片并使用美图软件处理图片				

项目二
了解你手中的拍摄器材

【项目简介】

"工欲善其事,必先利其器。"在商品采编的工作开始前,首先需要了解商品拍摄器材的基础知识和基本操作方法。在了解拍摄器材和熟悉操作后,才能充分运用摄影技术拍摄出既有美感又不失真的照片。前期高质量的拍摄可以减轻商品图片处理的工作量,在本项目中,我们将认识并学习拍摄器材的使用,包括相机和辅助器材等拍摄器材。

【项目目标】

- 认识拍摄器材;
- 了解拍摄器材的种类;
- 掌握相机的基本使用知识。

【思政目标】

- 培养学生良好的职业道德、专业的职业素养和爱岗敬业的职业精神。
- 贯彻"人品贵于商品"的服务理念,注重品牌的同时,要诚实守信,遵纪守法,倡导社会责任和可持续发展理念。
- 理解拍摄器材的种类,使学生具备多渠道拍摄的思维,培养学生举一反三的能力,克服新冠疫情等突发事件所带来的不利影响。

任务一 选择合适的装备

【任务介绍】

电子商务与实体商务最大的不同就是电子商务产品不能像实体商务产品那样,由消费者凭借自身感觉去判断产品的材质和细节。想要突显电子商务产品的高质量,除了详尽的产品介绍外,基本要依靠电商平台上的商品图片去判断。所以高质量的商品图片能对电商平台产品销售起到至关重要的作用。所以商品营销的第一步就是要对商品进行拍摄,拍摄人员需要对常用拍摄器材非常熟悉,针对不同商品特点,能够合理地选择拍摄器材进行拍摄。

【任务实施】

活动一 相机的种类

相机的种类和最终成片的效果并不存在决定性的关系,使用什么类型的相机只是一个习惯问题。但是我们要知道,每一种不同类型的相机都会有它们所擅长拍摄的题材,只有知道了这些才能够清楚什么样的相机最适合自己所想要拍摄的题材。

数码照相机已经把摄影和摄像融为一体,所以更加广泛地被称为影像器材,包含了摄影与摄像两大阵容。图2-1所示为常见的不同种类的拍摄器材。

如何选择相机

图2-1 拍摄器材种类

一、相机的种类

相机在商品采编过程中发挥着重要的作用。在商品采编中,单反相机、微单相机和卡片相机是最常用的机型。

单反相机画面成像更好、专业化程度高、可更换各种焦距镜头、操控性能强,如图2-2所示;微单相机顾名思义体积小、方便携带、价格便宜实惠,如图2-3所示;卡片相机能够胜任普通网店的拍摄任务,机身纤薄，操作便捷，如图2-4所示。

图2-2　单反相机

图2-3　微单相机

图2-4　卡片相机

二、相机的基本结构

单反相机主要由快门按钮、内置闪光灯、光圈表盘、滤镜、镜头和镜头盖等部分组成。除此之外，为了获得更好的拍摄效果，还需要一些辅助设备，如外置闪光灯、光度计、变焦镜头、滤镜和三脚架等，如图2-5所示。

图2-5　单反相机基本结构及辅助设备

接下来，以尼康D5600相机为例，我们来了解单反相机机身的基本结构，如图2-6所示。

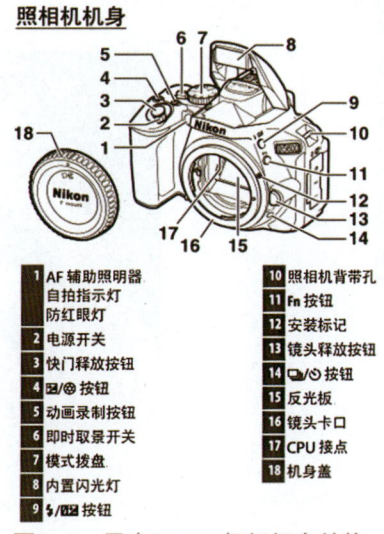

图2-6　尼康D5600相机机身结构

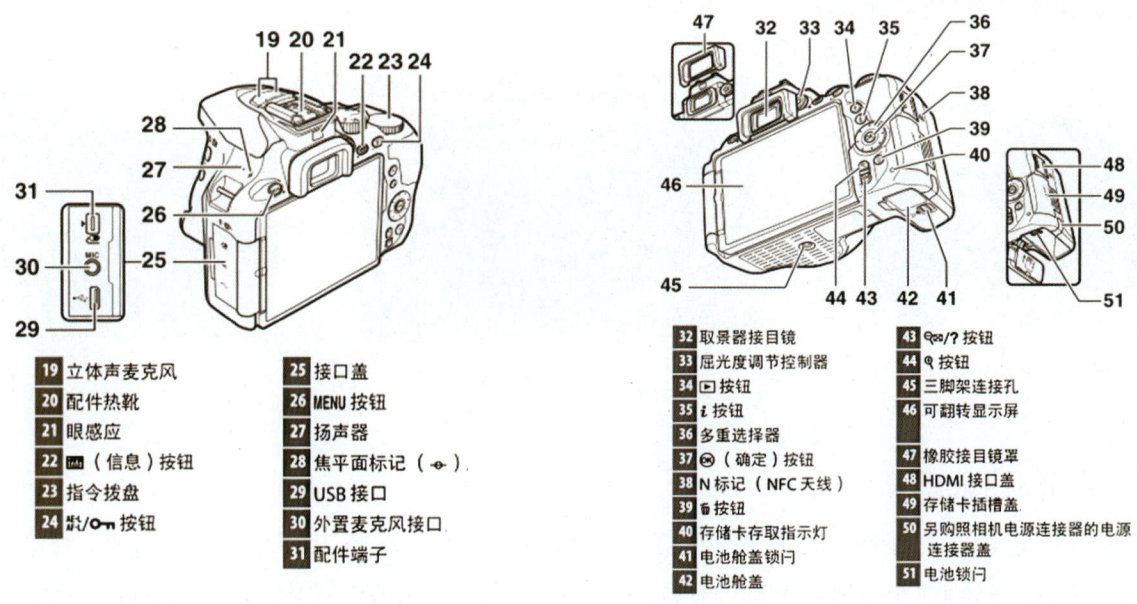

图2-6　尼康D5600相机机身结构（续）

三、相机的握持方法

照片的质量和清晰程度很大一个因素取决于拍摄过程中相机的正确握持方法。采用正确的握持方法，有利于保持相机静止，使相机的震动幅度尽可能最小，有助于拍出更清晰的照片。由于相机外形的不同，以及拍摄者握持习惯的差异，手持相机的方法不尽相同。但是都需要遵守顺手、方便和稳定的原则。常见的相机握持方法有以下两种。

方法一：拍摄竖幅照片时，右手用于按下快门，左手手掌向上托住相机机身，用左手手指调整光圈进行对焦；为了进一步增强稳定性，应将肘部紧贴胸部以收紧手臂，如图2-7所示。

方法二：拍摄横幅照片时，用左手手掌托住相机底部，手指调整光圈，完成对焦等操作；右手五指聚拢，用食指按下快门，另外四个手指紧握机身，如图2-8所示。

图2-7　相机握持方法一

图2-8　相机握持方法二

活动二　了解拍摄的辅助设备

摄影辅助设备的范围非常广泛，通常包括相机的辅助配件和拍摄场地。

一、相机的辅助配件

比较常见的相机辅助配件有闪光灯、各种用途的滤镜、遮光罩、反光镜、快门线、相机包和三脚架等。

（一）闪光灯

闪光灯是一种补光设备，它可以保证在昏暗情况下拍摄画面的清晰明亮。在户外拍摄时，闪光灯还可用做辅助光源，用以强调皮肤的色调，还可以根据摄影师的要求布置特殊效果。

闪光灯通常外形小巧，使用安全，携带方便，性能稳定，主要有内置闪光灯、外置闪光灯、手柄式闪光灯3种类型，如图2-9所示。

内置闪光灯

外置闪光灯

手柄式闪光灯

图2-9　闪光灯

（二）相机滤镜

相机滤镜（安装在相机镜头前用于过滤自然光的附加镜头），主要是用来实现图像的各种特殊效果的，如图2-10所示。相机滤镜的种类有很多种，UV滤镜是较常使用的一种滤镜。

图2-10　相机滤镜

UV滤镜能够避免镜头表面镀膜直接与外界环境接触，其主要功能是吸收波长在400纳米以下的紫外线。UV滤镜适用于海边、山地、雪原和空旷地带等环境下的拍摄，能减弱因紫外线引起的蓝色调。同时对于数码相机来说，还可以排除紫外线对CMOS的干扰，有助于提高清晰度和色彩还原的效果。

（三）遮光罩

遮光罩能够抑制画面光晕、避免杂光进入镜头、阻挡雨雪溅落、保护相机和镜头免遭意外碰撞，同时能够充分发挥镜头光学的潜在素质。遮光罩能抑制杂散光线进入镜头从而消除雾霭，提高成像的清晰度与色彩还原。使用遮光罩既是提高画面质量的有效手段，也是一种良好的职业习惯，同时也是一个严谨摄影师专业素养的表现。图2-11所示为一款花瓣式遮光罩。

图2-11　花瓣型遮光罩

（四）反光镜

反光镜指的是相机内部的平面镜，如图2-12所示，它是单反相机的最主要辅助部件之一。反光镜能透过摄影镜头直接取景，具有取景和对焦准确的优点。

图2-12　反光镜

（五）摄影包

摄影包是人们容易忽略的摄影装备，很多人认为它对摄影没有多大必要或随随便便买一个就行。实际上好的摄影包能为相机遮风挡雨，还能保护相机免受磕碰，所以在选购之前如果对摄影包的知识多一些了解，将有助于做出正确的选择。因各人摄影器材不同，习惯也不同，大家可根据自己的需要做出选择。如图2-13所示为一款实用的摄影包产品。

图2-13　摄影包

(六)快门线

不管是传统摄影还是数字摄影,或多或少都会遇到因为按下快门的瞬间力道过大导致相机震动、歪斜,导致画面模糊,降低照片质量,致使画面不完美。避免此种情况发生的好办法就是应用"快门线",如图2-14所示。它可以在相机拍照时防止接触相机或三脚架所导致的震动,保障画面的完整性。数码相机的出现,逐渐取代了传统相机的地位,快门线的功能也随之提升,电子快门线得到了较快发展,特别是遥控快门线和蓝牙遥控技术的发展。

图2-14 快门线

(七)三脚架

三脚架在摄影中是必不可少的工具,如图2-15所示。它的主要作用是固定相机,保持相机曝光时的稳定性。例如在星轨拍摄、流水拍摄、夜景拍摄和微距拍摄时都需使用三脚架。在选择三脚架时,应当注意三脚架的材质、稳定性、高度、便携性和组成方式等因素。

图2-15 三脚架

【试一试】

请同学们将闪光灯安装在相机上,并写下安装的步骤。

二、摄影棚

采集商品信息的时候通常是在室内摄影棚和小型物品拍摄摄影棚完成的。下面针对这两种摄影棚的特点和搭建进行逐一讲解。

（一）室内摄影棚

在进行室内拍摄场景构建时，摄影棚的规划设计是重中之重。室内摄影棚的优点是棚中光源已经基本规划设计好，拍摄者只需要根据不同商品的特点适当调整光源的摆放位置即可。

室内摄影棚拍摄的操作对于摄影者来说比较简单，易于上手。为了拍出更清晰的照片建议采用室内打光，可以避免产品拍摄时外界色系的干扰，确保高度还原产品色彩。同时室内打光最大限度地保证了光源的利用，效果更佳。作为摄影师，必须熟悉各种设备的功能和特点，充分利用手中的相机和照明设备与辅助拍摄设备升华商品的优点，让商品照片正确地表达物体的形状与色彩，展示商品的魅力。图2-16所示为室内摄影棚场景。

图2-16　室内摄影棚

【小设计】

请同学们按照搭建步骤，动手设计并搭建一个简易的室内静物拍摄摄影棚。

工具/原料

相机、顶灯（含灯架）*1、侧灯（含灯架）*2、地灯*1、静物台*1、相机三脚架。

搭建步骤

第一步：搭建静物台；

第二步：搭建顶灯；

第三步：搭建两个侧灯；

第四步：根据需要搭建地灯；

第五步：根据需要搭建相机及三脚架。

完成的室内静物拍摄灯光布置效果如图2-17所示。

图2-17　室内静物拍摄灯光布置

（二）小型物品拍摄摄影棚

在实际产品拍摄中，有许多产品的尺寸和体积比较小，例如U盘、饰品和小型文具等，不需要用到大型的拍摄影棚，可以直接使用小型摄影棚，如图2-18所示。这类小型摄影棚在左方、右方、上方及后方有灯光，如果光源仍不足，还可以使用小型台灯进行弥补，如图2-19所示。小型摄影棚移动方便、实际操作简单、实用性极高。

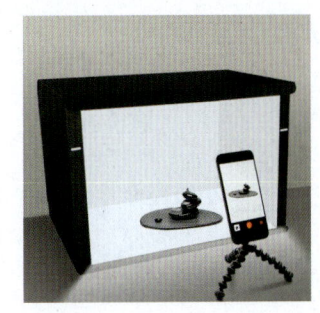

图2-18　摄影棚

图2-19　补充打光

【小设计】

请同学们使用现有工具，制作一个简易摄影棚。

工具/原料

1. 废包装盒一个，大小根据实际需要确定。

2. 硫酸纸若干。

3. 台灯2～3个，白光光源。

4. 双面胶若干。

5. A3或A4白纸若干。

制作步骤

第一步：将包装盒能开合的一侧朝正前方放；

第二步：将包装盒向上的一侧抠出一个镂空区域；

第三步：用硫酸纸将上方镂空区域封住；

第四步：用白纸将纸盒内后侧和底部铺平，用双面胶固定住；

第五步：将两个台灯放在纸盒两侧，关闭室内光源，打开台灯光源，试看效果，最终效果如图2-20所示。

图2-20　简易摄影棚效果

【任务评价】

过程考核评价表							
课程名称	商品信息采集与图片优化		学习任务	了解拍摄器材的种类；掌握相机的基本使用知识			
班级：		姓名：		学号：	指导教师：		
评价项目	评价标准		评价依据	评价方式		得分	总分
^	^		^	小组评价（30%）	教师评价（70%）	^	^
职业素质	1.语言表达能力和逻辑分析能力（10分） 2.具有科学、严谨、创新的工作态度（10分） 3.具有较强的安全生产意识、质量意识、环保意识（10分）		1.教学日志 2.考勤、值日 3.课堂表现记录 4.工作现场表现 5.现场6s管理				
专业知识与技能	1.了解相机的种类、基本结构、握持方法（40分） 2.了解拍摄的辅助设备的种类与作用（30分）		1.能简述相机的种类 2.能简述相机的基本结构 3.能正确握持相机 4.能简述拍摄所需辅助设备的种类，并能说出各种设备对拍摄所起的作用				

任务二　认识你手中的相机

【任务介绍】

本任务主要讲解相机的安装、拆卸镜头、开机、调节场景模式、曝光模式和曝光补偿等操作。尽管相机的品牌有很多，型号各不相同，但是基本操作的方法非常类似。因此本任务以尼康D5600相机为例，讲解相机的基本操作。其他款型相机的操作可以以此作为参考或参照说明书进行操作。

【任务实施】

活动一　相机镜头的组装

一、安装镜头

安装镜头共分为3个步骤，下面进行逐步的讲解。

1.取下镜头尾盖、取下机身保护套，如图2-21所示。

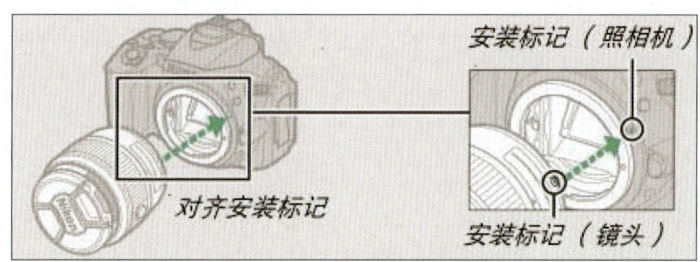

图2-21　取下尾盖和保护套

2.对齐镜头安装标志，将镜头尾部塞入机身卡口，如图2-22所示。

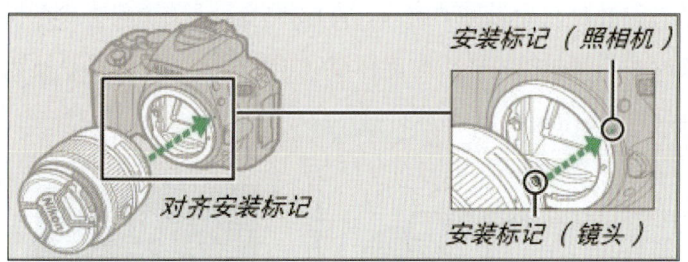

图2-22　对齐安装标记

3.如图2-23所示方向旋转镜头，直到卡入正确位置（听到清脆的咔嗒声），镜头就安装好了。

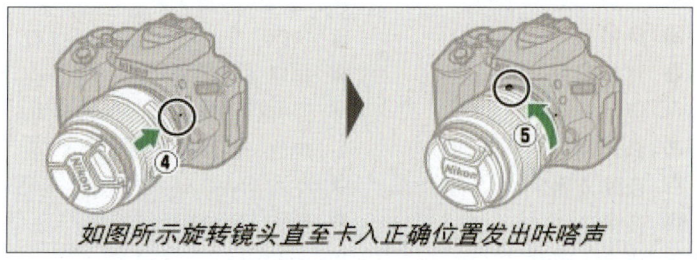

图2-23　安装到位

项目二　了解你手中的拍摄器材 | 37

二、卸下镜头

首先，在取下或更换镜头时，要确保已经关闭照相机。卸下镜头可分为以下2个步骤。

（1）按住镜头释放按钮；

（2）顺时针旋转镜头至停下，将镜头向外移出即可取下镜头。

三、开关机

尼康D5600数码单反相机在"显示器"上部有一个相机开关按钮，如图2-24所示。旋转此开关按钮至"ON"，则打开相机；旋转此开关按钮至"OFF"，则关闭相机。拍摄时，开关打开，拍摄结束，开关关闭。

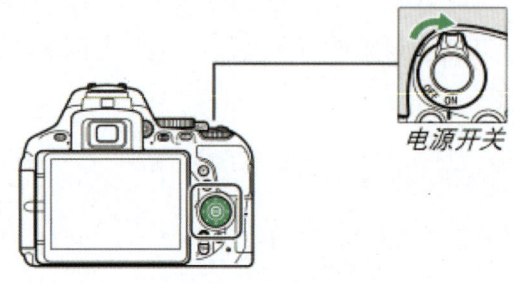

图2-24　开关机按钮

活动二　相机的功能调节

一、调节场景模式

相机顶部配有场景模式控制转盘，分为自动模式、肖像模式、运动模式、夜景模式和全景模式，用户可根据拍摄主题选择对应的场景模式。将相机模式拨盘旋转至SCENE模式，旋转指令拨盘，直至显示屏中出现所需场景，共有16种场景模式可供选择，如图2-25所示。

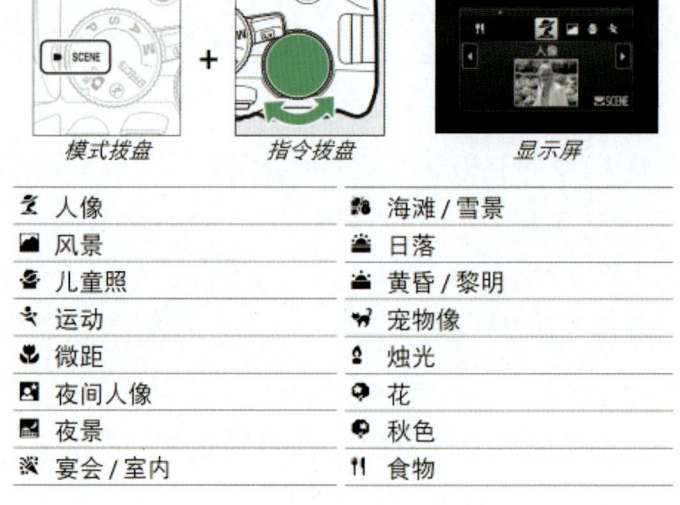

图2-25　选择场景模式

(一）自动模式

自动模式是最简单的拍摄模式。摄影师只要取景、对焦，按下快门即可完成拍照。至于白平衡、快门、光圈和ISO值等都交给照相机自动处理。在该模式下，参数设置不精确，成像效果一般，适合非专业拍摄者选用。

(二）肖像模式

想要照片拍的主体清晰而背景模糊，可使用肖像模式。在此模式下的拍摄效果如图2-26所示。如果想要获得背景逐渐柔和的最佳效果，在构图时可以把拍摄主体的上半部分尽量占满取景器或显示屏，将变焦倍率设置得越大，效果越明显。

图2-26　肖像模式静物效果图

(三）运动模式

运动模式用于拍摄快速移动的物体，例如抓拍水滴或运动中的物体。在此模式下拍摄效果如图2-27所示。

图2-27　运动模式下拍摄的照片

(四）夜景模式

夜景模式也叫"慢速快门闪光同步模式"，最适合拍摄包含前景人物的夜景照片。相机会用较慢的快门速度配合闪光灯来拍摄，使主体和背景都得到合适的曝光。在此模式下的拍摄效果如图2-28所示。

图2-28　夜景模式下拍摄的照片

为了防止照片模糊，一定要使用三脚架，以保持机身的平稳，保证有足够的曝光和画质。另外，在闪光灯闪动以后，人物不能马上移动，否则会使照片模糊。如果只是拍摄夜景，就不用使用闪光灯。因为闪光灯的有效距离比较短，很容易忽略掉主体后面的景物。

（五）全景模式

全景模式主要用于拍摄风景。可以把拍摄的若干个画面合并为全景图像。图2-29所示为一张使用全景模式拍摄的风景照。

图2-29　全景模式效果图

拍摄全景照片时，要使相连的画面重叠30%～50%，并把垂直误差限制在图像高度的10%以内。

拍摄完第一幅图像后，相机显示屏上会保留第一幅图像，允许再拍摄第二幅图像，使用同样的方法可以完成全景图像的拍摄。为了获得最好的效果，一般采用水平移动相机来拍摄连续图像。当然，三脚架是不可少的。同时，在拍摄时不要改变焦距，否则会造成相邻的画面变形而无法连接的情况。

二、对焦

相机中的对焦分为自动对焦（AF或A）和手动对焦（MF或M）两种模式，如图2-30所示。（关于对焦的具体使用技巧将在本教材项目三\任务一\活动二中详细讲解。）

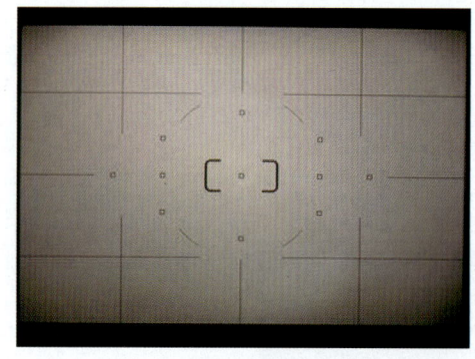
自动对焦

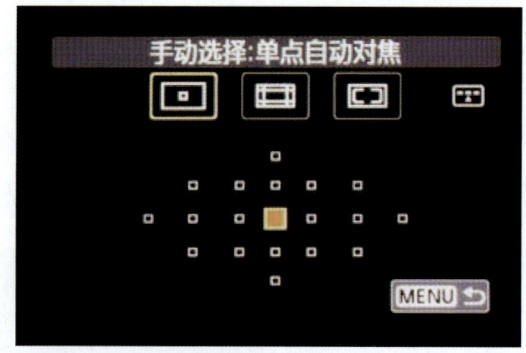
手动对焦

图2-30　对焦模式

对焦时，可选择相机自动对焦，或手动选择对焦点，将所选对焦点指向拍摄对象，然后半按快门按钮完成对焦。

【试一试】

> 分别使用自动对焦和手动对焦的方式对物品（比如一朵花的花蕊）进行微距拍摄，并通过对比拍摄效果，说明两种对焦方式的区别。

三、曝光模式

相机的曝光模式主要包括程序AE模式（P）、光圈优先AE模式（AV或A）、快门速度优先AE模式（Tv或S）和手动曝光模式（M）等，如图2-31所示。

图2-31　相机曝光模式

（一）AE模式（P）

AE模式又称为程序自动式。程序自动式曝光是指照相机的光圈和快门速度均为自动调节的模式，这对于快速摄影比较方便。通过拨动转盘或按钮，选择相机可用的全部快门速度和光圈，基本上可以获得可接受的曝光，就像使用光圈优先或快门优先模式一样。如果是非专业拍摄者，可以选择程序AE模式，相机会根据现场光线情况自动调整光圈快门速度，不需要手动调节。

（二）光圈优先AE模式（AV或A）

光圈优先式曝光又称光圈先决式自动曝光，在数码相机上一般用"A"表示。拍摄者选择合适的光圈，数码相机自动匹配合适的快门速度，以实现准确的曝光。在这个模式下，可以通过对光圈的选择来控制快门的速度，利用这个特性可以在光线较差或光线较强的环境下拍摄照片。

同时，可以利用光圈优先模式来控制景深。光圈越大，景深越浅，即画面中清晰的范围越小；光圈越小，景深越深，也就是画面中的清晰范围越大。图2-32所示为不同光圈选择下的拍摄效果。

图2-32　选择不同光圈的拍摄效果

(三)快门速度优先AE模式(Tv或S)

快门速度优先式又称快门先决式自动曝光,在数码相机上一般用S表示。拍摄者选择合适的快门速度,数码相机将自动匹配合适的光圈大小,以实现准确的曝光。该拍摄模式非常适合拍摄与速度和运动有关的主题照片,如川流不息的车流、缓缓流淌的小溪和飞速奔跑的运动员等,而且同一个主题用不同的快门速度配合不同的光圈值得到的效果也是不相同的。图2-33所示为在快门速度优先AE模式下拍摄的照片效果。

图2-33　快门速度优先AE模式下拍摄的运动员照片

(四)手动曝光模式(M)

在手动曝光模式中,快门速度和光圈设置都由拍摄者自己控制。"+"表明曝光量比建议值要高,"-"表明曝光不足,如图2-34所示。通过设置不同的光圈与快门组合,可以得到许多不同寻常的拍摄效果,这个模式是摄影创作经常会用到的模式。

 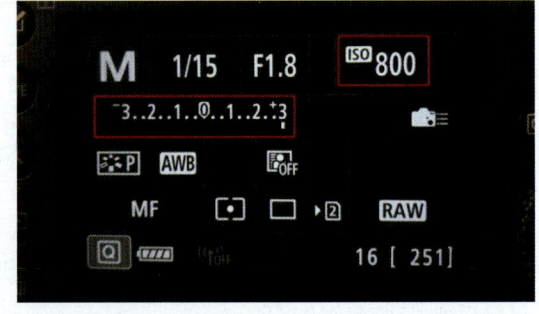

图2-34　手动曝光模式

四、曝光补偿

曝光补偿是一种曝光控制方法,通常在±2～3EV(曝光量)左右。曝光补偿有意识地改变相机自动计算的"适当"曝光参数,使照片更亮或更暗,曝光补偿按钮如图2-35所示。

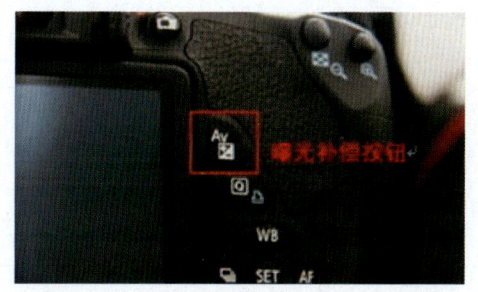

图2-35 曝光补偿按钮

如果拍摄的场景中存在大面积白色,那么要增加曝光补偿才能还原物体本来的颜色;如果拍摄的场景中存在大面的黑色,那么要减少曝光补偿才能还原物体本来的颜色。

在拍摄其他题材时也会用到曝光补偿。比如,在窗边拍摄人像时需要用到曝光补偿,因为窗外光线太亮,相机就会认为画面过曝了,从而降低曝光。如果不调整曝光补偿,那么拍出来的照片就会偏暗。还有拍摄小清新人像时,也可以选择增加一点曝光补偿,这样画面会显得更加清晰,也可以让人物的肤色更加白皙。

曝光补偿以EV作为标识。EV值增加1挡,相当于光线增加一倍;EV值减少1挡,相当于光线减少一半;但是在使用的时候尽量不要直接加1挡或减1挡,要慢慢调整,可以以1/3EV的曝光量慢慢调整。

【试一试】

请同学们尝试在白色背景的静物台上拍摄一件白色的T恤,通过曝光补偿,还原T恤准确的颜色。

【任务评价】

过程考核评价表						
课程名称	商品信息采集与图片优化	学习任务	掌握相机的组装方法；掌握相机的功能调节方法			
班级：		姓名：	学号：	指导教师：		
评价项目	评价标准	评价依据	评价方式		得分	总分
			小组评价（30%）	教师评价（70%）		
职业素质	1.语言表达能力和逻辑分析能力（10分） 2.具有科学、严谨、创新的工作态度（10分） 3.具有较强的安全生产意识、质量意识、环保意识（10分）	1.教学日志 2.考勤、值日 3.课堂表现记录 4.工作现场表现 5.现场6s管理				
专业知识与技能	1.掌握相机的组装方法（30分） 2.掌握相机的功能调节方法（40分）	1.能够正确安装、拆卸相机镜头 2.能够正确开关相机 3.能够调整相机的场景模式 4.能够调整相机的对焦模式 5.能够调整相机的曝光补偿方法				

项目三

商品拍摄技能

【项目简介】

了解拍摄器材并熟悉拍摄操作后,接下来一起学习如何拍摄出优美的商品照片,以激发客户的购买欲望。商品的拍摄是网店运营的核心任务之一,在项目三中,我们将从拍摄技法出发,合理运用光线与构图,学习拍摄符合行业要求的商品图片的方法和技巧。

【项目目标】

· 熟悉相机的使用方法;
· 掌握拍摄光线设置;
· 熟悉拍摄的构图方法。

【思政目标】

· 培养学生热爱专业,服务大家,与人合作,遵守职业首先及爱国爱山岗敬业精神。
· 具备家国情怀、前瞻视野,发扬工匠精神,逐渐养成创新创业的思维与能力。
· 体会到机遇与挑战并存,建立民族自信心和社会责任感。

任务一　熟练使用相机

【任务介绍】

目前，网站中商品同质化的现象越来越普遍，在各种电商平台中，同一个产品会有诸多卖家。要想在审美逐渐疲劳的浏览过程中吸引买家，必须要在促销图片、宣传设计上下功夫。在掌握良好的拍摄技术和技巧的同时，拍摄的商品展示照片要能充分体现店铺与商品特色，吸引买家的注意，增加买家浏览页面的时间，实现成功购物的目标，提高商品转化率。

本任务中将学习商品拍摄的技术和技巧。通过活动一，学习如何选择拍摄模式；通过活动二，学习如何正确对焦；通过活动三，学习曝光三要素的使用技巧。通过本任务的学习，使学生能够在不同的场景中拍摄符合要求的商品照片。

【任务实施】

活动一　选好拍摄场景

在开始拍摄商品照片之前，首先要根据商品的特点和应用范围选择合适的拍摄场景。常见的拍摄场景有室内拍摄场景和室外拍摄场景两种，接下来我们逐一进行讲解。

一、室内拍摄场景

室内拍摄场景常常会结合静物台拍摄，适合拍摄体积较小的商品，如食品、眼镜、小家电、衣服、化妆品和家居等，如图3-1所示。

图3-1　静物台拍摄

由于环境简约，光线分布均匀，也比较适合中型体积的生活类商品及服装模特的拍摄，如椅子、凳子和模特镜面拍摄等，如图3-2所示。

图3-2　室内模特拍摄

二、室外拍摄场景

拍摄户外产品时，可以使用自然风景作为拍摄背景，如草坪、长椅、花坛和水池等场景，如图3-3所示。服装类商品非常适合户外拍摄，拍摄效果更自然，能够更好地展现服装的风格，并可以减少服装的色差（关于服装拍摄技巧将在本教材项目四\任务二中详细介绍）。

图3-3 自然风景作为拍摄背景

【小设计】

> 请学生为拍摄"太阳眼镜"商品设计户外拍摄场景，并选择合适的辅助配件，完成商品的拍摄。

工具/原料

相机、三脚架、反光板和太阳眼镜

场景选择

根据太阳眼镜自身的特点与功能，选择天气晴朗且光线较好的场地进行拍摄；选择室外绿色植物和自然风光优美的场地进行拍摄；尽量利用户外天然景物摆放太阳眼镜。

拍摄技巧

1.选择一个干净的背景或与太阳眼镜风格相似的背景作衬托，注意背景不宜过于丰富，且背景亮度不要高于太阳眼镜处的亮度。

2.拍摄时，将相机对焦在太阳眼镜上，突出太阳眼镜。图3-4所示为太阳眼镜产品的拍摄效果。

图3-4 太阳眼镜产品拍摄效果

活动二　正确对焦

一、自动对焦(AF)

自动对焦适用于光线良好、场景色彩对比明显或拍摄主体前无遮挡物等前提下。图3-5所示为使用自动对焦拍摄的产品照片。

图3-5　自动对焦拍摄的产品效果

自动对焦主要分为单次自动对焦和持续自动对焦，单次自动对焦用于拍摄静态主体，持续自动对焦用于拍摄移动主体。

相机对焦范围的选择通常有手动单点和机器自动（区域对焦模式和宽区对焦模式等）两种模式。与对焦频率类似，手动单点多用于拍摄静态主体，机器自动多用于拍摄移动主体，也就是常说的追焦。

二、手动对焦（MF）

手动对焦适用于光线昏暗、大面积纯色背景低反差或主体前有遮挡物等前提下。

由于手动对焦效率相对较低，所以一般用于拍摄静物、风光和静态人像等静态的主体，特别是暗光或弱光环境下静态主体。

手动对焦的精度很大程度上取决于拍摄时的稳定性，如果手动调节后相机位置发生偏移，很容易导致焦点失准。所以在实际拍摄时，要在调节完毕后立即按下快门；如果有条件可以使用三脚架拍摄，最大程度保持合焦准确，如图3-6所示。

图3-6　保持合焦准确

活动三　巧用曝光三要素

拍摄照片，一定躲不开"曝光"这个词，只有合理曝光的照片才会有恰当的亮度，效果不会太亮，也不会太暗。要想控制照片的亮度，需要了解光圈、快门速度与感光度之间的关系。

引言

一、光圈——控制光线进入量

光圈代表镜头的孔径，光圈越大代表镜头的孔径越大，单位时间内进入镜头的光线也就越多。光圈值一般以F+数字的形式表现，数字越大表示光圈越小，镜头的孔径也就越小。例如F1.4光圈的孔径要比F11的大。

光圈除了控制进光量外，最大的作用就是控制照片的景深。景深是指被拍摄物体前后清晰可见的范围。很多照片背景都是虚的，就是因为景深很浅的原因。简单来说，在其他条件不变的情况下，使用的光圈越大（即F后面的数值越小），景深就越浅，背景就越虚。

图3-7所示的两幅作品，当光圈值设定为F1.4时，背景中的物体呈一片模糊状；当光圈值设定为F11时，画面中的所有物体都清晰可见。

图3-7　设置不同光圈的对比拍摄效果

光圈

改变光圈

一般来说，在拍摄人像和花卉时常使用大光圈以虚化背景、突出主体，而在拍摄风景时，为了把景物拍摄清楚，通常使用较小的光圈来拍摄。需要注意的一点是，设置光圈大小的时候要适度，不要一味追求过大或过小的光圈。例如在拍摄人像时使用非常大的光圈，很容易造成人物脸上大部分地方都是虚的。在拍摄风景时同样要注意不要使用太小的光圈，光圈过小会有衍射现象发生，影响画质，一般来说不超过F16为宜。

二、快门速度——控制光线进入时长

快门速度代表相机曝光的时间，快门速度越慢，曝光的时间越长，进入镜头的光线就越多。一般采用时间表示，如1秒、1/30秒和5秒等。

快门速度分为高速快门和慢速快门，快门速度的不同，对运动主体的画面效果有直接影响，如图3-8所示。

快门　　调节快门

图3-8　快门速度对拍摄的影响

项目三　商品拍摄技能 | **49**

快门速度主要用来控制被拍摄物体运动的轨迹，最常见的例子就是夜晚高速的车流。当使用高速快门拍摄时，照片中定格的是一辆辆高速行驶中的汽车，而使用慢速快门拍摄时，记录在照片上的则是由车灯照亮的行车轨迹，如图3-9所示。

快门速度1/20秒

快门速度1/30秒

图3-9 使用快门速度控制拍摄物体运动轨迹

三、感光度——控制光的敏感度

感光度是从胶片时代保留下来的概念，在胶片时代表示胶片对光线的敏感程度，在数码相机时代，感光度表示的是影像传感器对光线的敏感程度。感光度以"ISO+数字"表示，数字越高，感光度越高，影像传感器对光线就越敏感。

调节感光度能够让用户在调节光圈、快门速度时能有更大的选择余地，由于感光度越高照片中的噪点越多，画质越差，因此建议尽可能使用较低的感光度来拍摄。不过，在昏暗的场景需要使用高速快门或者小光圈拍摄的时候，为了保证照片拍摄的成功率，应适当调高感光度。

在图3-10所示的两幅作品中，女孩在昏暗的室内观赏小灯，左侧作品将感光度设定为ISO-100，画面过于暗淡且略显模糊。右侧作品将感光度调至ISO-1600，在提亮整幅画面亮度的同时，清晰地抓拍到了孩子玩耍中的俏皮瞬间。

感光度

改变感光度

光感度100

光感度1600

图3-10 设置不同感光度的拍摄效果

控制亮度的铁三角——光圈、快门速度和感光度，三者的关系如图3-11所示。

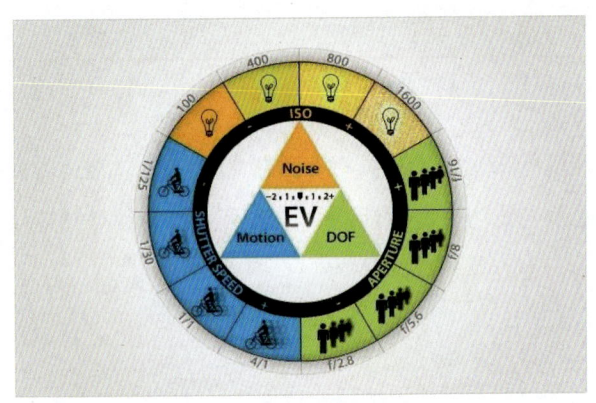

图3-11　光圈、快门速度和感光度的关系

光圈和快门速度的组合称为曝光值，它们和感光度一起，决定了一张照片的亮度。简单来说，照片的亮度=曝光量×感光度。照片的亮度与曝光量和感光度都成正比。

当感光度不变时，曝光量越大，照片越亮。

当曝光量不变时，感光度越高，照片越亮。

【任务评价】

<table>
<tr><td colspan="7" align="center">过程考核评价表</td></tr>
<tr><td>课程名称</td><td colspan="2">商品信息采集与图片优化</td><td>学习任务</td><td colspan="3">掌握拍摄方法和技巧</td></tr>
<tr><td>班级：</td><td colspan="2">姓名：</td><td>学号：</td><td colspan="3">指导教师：</td></tr>
<tr><td rowspan="2">评价项目</td><td rowspan="2">评价标准</td><td rowspan="2">评价依据</td><td colspan="2">评价方式</td><td rowspan="2">得分</td><td rowspan="2">总分</td></tr>
<tr><td>小组评价（30%）</td><td>教师评价（70%）</td></tr>
<tr><td>职业素质</td><td>1.语言表达能力和逻辑分析能力（10分）
2.具有科学、严谨、创新的工作态度（10分）
3.具有较强的安全生产意识、质量意识、环保意识（10分）</td><td>1.教学日志
2.考勤、值日
3.课堂表现记录
4.工作现场表现
5.现场6s管理</td><td></td><td></td><td></td><td></td></tr>
<tr><td>专业知识与技能</td><td>1.熟悉拍摄场景的选择技巧（10分）
2.掌握正确对焦的方法（20分）
3.正确理解曝光三要素的使用（40分）</td><td>1.能够根据商品特点设计室内、室外拍摄场景
2.能够使用正确的对焦方法拍摄照片
3.能够说出曝光三要素之间的关系
4.能够运用曝光三要素的规律拍摄亮度、清晰度符合店铺标准的照片</td><td></td><td></td><td></td><td></td></tr>
</table>

任务二　营造完美光线

【任务介绍】

在商品拍摄过程中，拍摄环境的布光也十分关键，理想的布光可以塑造的商品形象更具表现力。在本任务中，主要学习商品信息采集中的布光技巧。通过活动一，学习光源的种类及运用；通过活动二，掌握几种特殊材质的布光方式。

【任务实施】

活动一　光源的运用

对商品拍摄而言，布光的光源往往不止一种，各种光线起着不同的作用和效果。根据拍摄时所起的作用，光源可以分为主光、辅光、轮廓光、装饰光和背景光5种类型。

一、主光

主光是商品的主要照明光线，对商品的形态、质感和轮廓的表现起主导作用。拍摄时，一旦确定了主光，画面的基础照明和基调就确定下来了。对被拍主体来说，主光只能有一个。如果同时将几个光源作为主光，会导致主体受光均等，分不出什么是主光，画面会显得平淡，或者几个主光同时在主体上产生阴影，画面会显得杂乱无章。

图3-12所示围巾拍摄场景中使用一盏闪光灯作为主光，放置在产品的顶部，同时配合使用了一个八角柔光箱。

用光

用光2

图3-12　围巾拍摄场景中的主光

二、辅光

画面上起辅助作用的光被称为辅助光或辅光，产品各部分细节的表现通常是通过辅光控制的。辅光又分为阴辅光和阳辅光两种。

阴辅光，又叫阴光辅光，一般使用200～300W的浅口散射光的灯，这种灯具射出来的灯光比较柔和，属于主要的辅助光。阴辅光主要用来补充暗面的光线，调节明暗反差，改善暗部的层次和质感。它通常放置在相机的对侧，高度一般与人物的头部平行，使其不易产生阴影。通常来说阴辅光与主光的光比为1∶2或者1∶3。

阳辅光，又叫阳光辅光，一般也是用200～300W的浅口散射灯，属于散射光，它能使人像面部的亮部和暗部过渡得柔和、自然、均匀，衔接完美，能够很好地控制明暗关系。它通常放置在相机的附近，一般比人物头部要高一些，有时还能当作眼神光使用。

图3-13所示在人物一侧15°～45°位置打上主光时，需要在人物另一侧打上辅光，以提升拍摄的层次感。

从图3-14所示的光位图中可以看到，阴辅光通常使用反光板进行补光。在使用阴辅灯时，主灯照射出的一些细微层次不要被辅灯照淡了；利用灯的边缘光照射暗部，不要使过多的光射向亮部，这样可达到既减少暗部反差，又不冲淡亮部的层次。

图3-13 辅光的应用

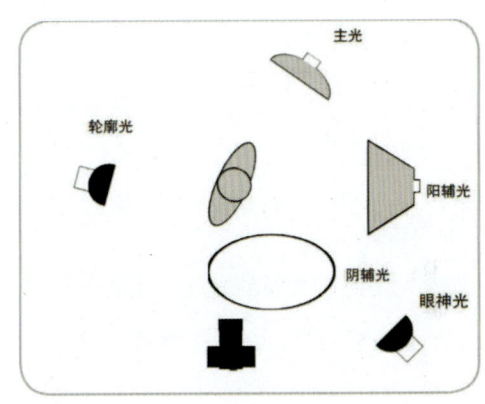

图3-14 辅光的布局

当模特的眼睛小、睫毛长、眼睛无神时，阴辅灯稍低一些可起到提升眼神光的作用。主光灯在90°左右时，即全侧光或半逆光照射时，阳辅灯适当高一些、近一些、亮一点，能起到提升面部层次的作用。相反，主光灯在15°～45°的顺光或半侧光的照射时，就要少用阳辅灯，甚至不用。

三、轮廓光

轮廓光一般应用在逆光拍摄时，透过照亮被拍摄者边缘，突显画面主题，创造柔和唯美的拍摄效果，如图3-15所示。

想拍出理想的轮廓光，一定要注意背景和前景的明暗对比度。如果在棚内拍摄，除了要确保背景够黑、间隔够大之外，还要在被拍摄者的后方增设持续光源，让被摄者能处于背光状态。如图3-16所示为使用轮廓光的拍摄效果。

图3-15 轮廓光拍摄效果

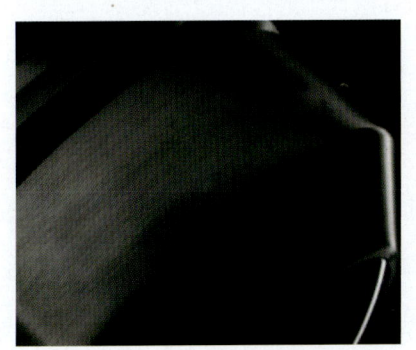

图3-16 轮廓光拍摄效果

四、装饰光

装饰光主要用来对被拍摄物体局部进行装饰，或者用来显示被拍摄物体的细节层次。装饰光通常都是窄光，比如人像摄影中的眼神光、发光以及商品摄影中首饰的耀斑等都是典型的装饰光。

通过为拍摄主题增加装饰光，把装饰光光源直接投放到商品的特定展示区域，以达到装饰光的效果。

图3-17所示珠宝表面的耀斑即为典型的装饰光，装饰光使用的是较小的灯，可以用可调节高亮度的LED等作光源。

图3-17　使用了装饰光的拍摄效果

五、背景光

背景光是照射背景的光线，主要作用是衬托被拍摄物体，渲染气氛和环境。自然光和人造光都可以用做背景光。需要注意的是，在运用背景光时，不要破坏整个画面的影调协调和主体造型。

在图3-18所示的拍摄场景中，只布置了主光而没有布置背景光，从拍摄出的效果可以看出，后面的柔光布区域显得比较暗，整体画面也偏灰，少了通透感。

在柔光布的后方区域布置一盏灯作为背景光，后方区域一下子明亮、通透起来，有效地改善了整张照片的风格，画面更加明亮清新，为商品的展示增色不少，如图3-19所示。

图3-18　缺少背景光的拍摄场景

图3-19　增加背景光的拍摄效果

活动二　常见的布光方式

在室内拍摄商品时，运用不同的布光方式，可以表现出商品的粗细、软硬、厚薄甚至是冷热等感受，使消费者直观地看到商品的不同形态，进而联想到自己在使用商品时可能获得的感受。

接下来介绍正面两侧布光、两侧45°角布光、单侧45°不均衡布光、前后交叉布光和后方布光5种布光方式，进一步提高学生在拍摄产品时使用光的技能。

一、正面两侧布光

正面两侧布光是商品信息采集中最常用的一种布光方式，如图3-20所示。

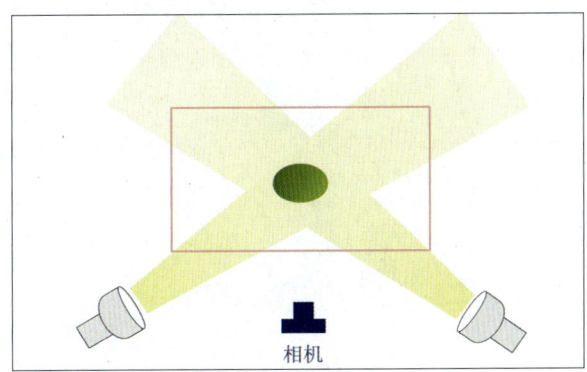

图3-20　正面两侧布光

正面投射出来的光线全面而均衡，能够使商品的全貌得以展现，不会有暗角出现。图3-21中的两张珠宝图片的拍摄就采用了这种布光方式。

图3-21　采用正面两侧布光的拍摄效果

二、两侧45°角布光

两侧45°角布光方式可以使商品顶部受光，而正面完全不受光，如图3-22所示。

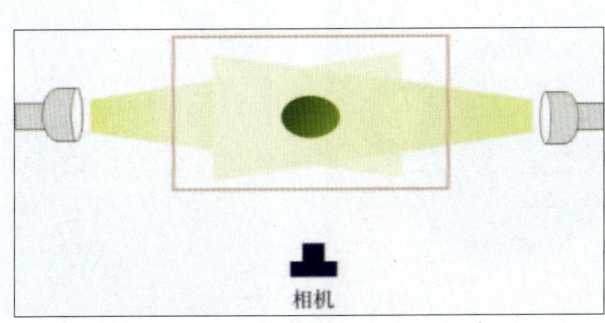

图3-22　两侧45°角布光

这种布光方式适合拍摄一些外形扁平的小商品，但是不适合拍摄立体感比较强或者有一定高度的商品。图3-23所示为采用了两侧45°布光方式拍摄的商品。

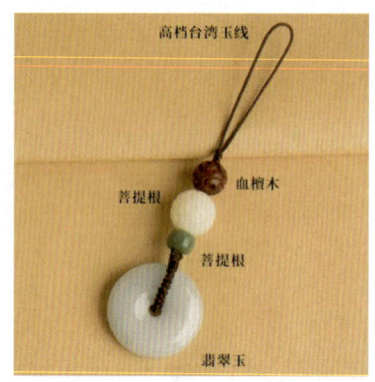

图3-23　采用两侧45°布光的拍摄效果

三、单侧45°不均衡布光

单侧45°不均衡布光方式会导致商品一侧出现严重的阴影，底部的投影也很深，这样一来，商品的很多细节就被隐匿了，如图3-24所示。

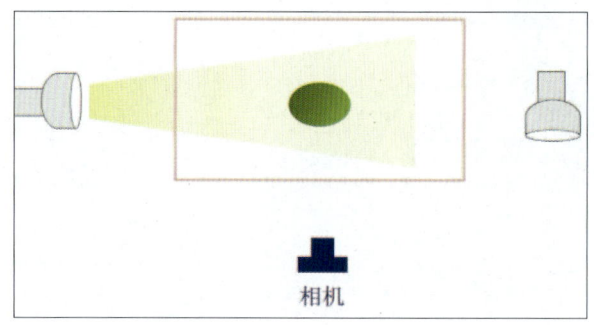

图3-24　单侧45°不均衡布光

如图3-25所示，左侧和右侧的两张图片在拍摄时均采用了单侧45°不均衡布光的方式，使商品一侧出现了明显的阴影，不过与此同时，也营造出了一种神秘的氛围，符合这两款商品本身的风格和基调。

图3-25　采用单侧45°不均衡布光的拍摄效果

四、前后交叉布光

前后交叉布光的方式使商品后侧也能够受光，既可以很好地表现出商品表面的层次感，又保全了商品的所有细节，如图3-26所示。

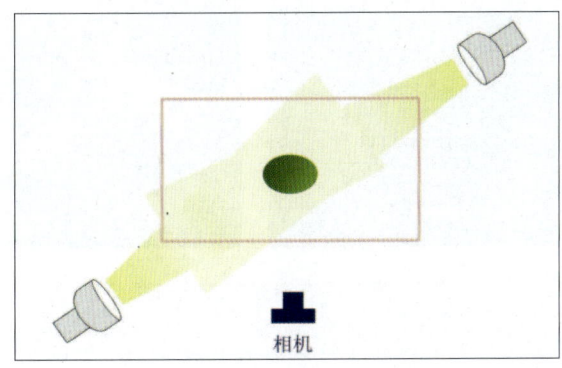

图3-26　前后交叉布光图示

图3-27所示女鞋的拍摄效果即采用了前后交叉布光的方式。

图3-27　采用前后交叉布光的拍摄效果

五、后方布光

后方布光方式，光源全部来自后方，而商品的正面由于没有光线会产生大片阴影，无法显现商品全貌。这种布光方式，主要用于展示商品通透性的拍摄，如图3-28所示。

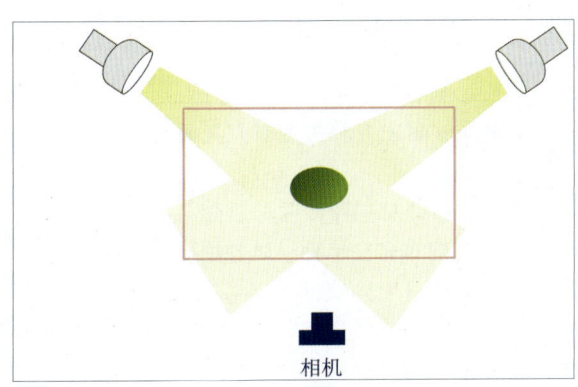

图3-28　后方布光图示

图3-29左侧所示照片为采用了后方布光方式拍摄的商品照片,同学们仔细观察照片呈现的效果有何优缺点,并与右侧照片做比较。

图3-29　后方布光的拍摄效果

两张照片虽然呈现的是同一款产品,但是给人的感觉却截然不同。左图给人神秘、阴郁之感,而右图则给人一种明亮、轻盈的感觉;左图着重展示茶碗的通透性,而右图展示的则是商品的正面。

由此可见,不同的布光方式对拍摄效果影响很大,也直接影响商品的销售和转化率。

【任务评价】

过程考核评价表						
课程名称	商品信息采集与图片优化	学习任务	商品拍摄的布光			
班级：	姓名：	学号：	指导教师：			
评价项目	评价标准	评价依据	评价方式		得分	总分
			小组评价（30%）	教师评价（70%）		
职业素质	1.语言表达能力和逻辑分析能力（10分） 2.具有科学、严谨、创新的工作态度（10分） 3.具有较强的安全生产意识、质量意识、环保意识（10分）	1.教学日志 2.考勤、值日 3.课堂表现记录 4.工作现场表现 5.现场6s管理				
专业知识与技能	1.掌握五种类型的布光光源运用技巧（30分） 2.掌握三类特殊材质商品的用光技巧（40分）	1.能够画出五种类型布光光源简易图 2.能够针对三种特殊材质商品进行正确布光,每种材质各拍摄一张照片				

任务三　巧妙构图拍出好照片

【任务介绍】

商品的照片在按下快门的瞬间就诞生了，但是在那之前，为了拍出高质量的照片，往往需要花费大量精力完成布景、商品摆放和搭配等一系列的工作。这些工作是诞生佳照的前提。在本任务中，将学习商品摆放的方法和技巧。通过活动一，掌握商品布景与搭配的技巧；通过活动二，学习商品拍摄的构图技巧；通过活动三，学习拍摄方位与拍摄角度。

【任务实施】

活动一　常见的构图方法

构图，是指为了表现作品的主题思想和美感效果，适当地把产品安排在画面中以获得最佳布局的方法。如何把摄入镜头的景和物进行合理的组合，使其变得更加符合我们的视觉习惯，使画面显得更为美观，所需要的正是构图技巧。接下来，介绍几种基本构图方法。

一、黄金分割法

"黄金分割"的原理是由古希腊人发现的，被称为"上帝的秘密"，被公认为最和谐、最具美感的分割法。

假设有一条线段，我们在中间某一处点一个点，将线段一分为二，其比例恰好为0.618∶1，则该点就被称为"黄金分割点"，如图3-30所示。

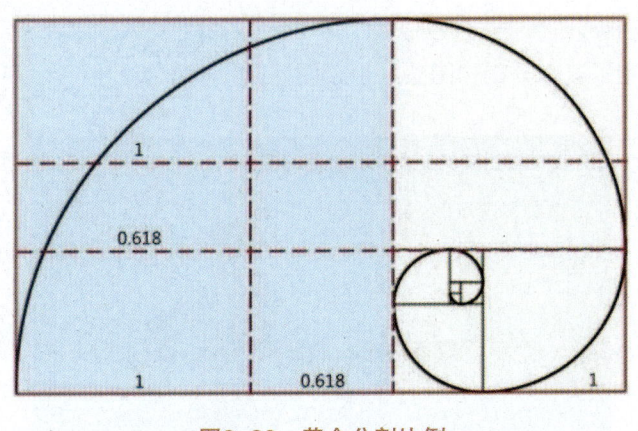

图3-30　黄金分割比例

常见构图方法

常见构图方法2

在商品摄影中，黄金分割法是最经典的构图方法。为了简便应用，可以这样理解：想象一条线将画面切开，画面两侧的比例约为0.618∶1的位置即为放置被拍摄物体的最佳位置，以此形成视觉的重心。图3-31所示的图片就采用了黄金分割法构图。

项目三　商品拍摄技能 | 59

图3-31 黄金分割法构图

图3-32所示为采用黄金分割构图法的竖向排版照片,注意看画面里模特头部的位置。

图3-32 竖向应用黄金分割构图法

图3-33所示的图片也采用了黄金分割构图法,由于图片是横向排版的照片,所以看起来效果更明显。

图3-33 横向应用黄金分割构图法

【试一试】

使用黄金分割法拍摄一张照片,并说明自己拍摄时的构图思路。

二、三分法

三分法源自黄金分割原理，使用两横、两竖共4根线将画面九等分，中间4个交点成为视线的重点，也就是构图时放置主体商品的最佳位置，又被称为"九宫格构图法"，如图3-34所示。

图3-34 三分法构图

这种构图方式并不是要求必须占据画面的全部4个交点，被拍摄物体占据1~4个交点都是可以的，具体要看商品图片的疏密要求。

图3-35所示的照片是布局比较密集的三分法构图，图片中的4个交点被杯子占据了3个，画面给人一种疏离、干净的感觉。

图3-35 布局比较密集的三分法构图

【试一试】

利用相机，分别拍摄使用三分线构图和不使用三分线构图的水杯产品照片，并对比分析两种拍摄照片的效果。

三、均衡式构图法

均衡式构图法是最常规的一种构图方法。为了在视觉上突出主体，将商品主体放在画面的中间，左右基本对称，上下空间的比例大体均分。

图3-36所示的两张图片都采用了均衡式的构图方法。左侧图片中帽子居于画面正中，右侧图片中模特居于正中。

图3-36　采用均衡式构图的图片

有时候图片左右完全对称可能会造成呆板的感觉，为了避免这种情况，可以将正中间的主体略做偏移，或者在左侧或右侧稍微添加一些搭配。右侧图片中长椅的入镜就起到了这个作用，可以使画面显得更活泼有趣。

【试一试】

使用均衡式构图法，拍摄苹果商品的产品图，并说出构图的优点和缺点。

四、疏密相间法

需要在一个画面中摆放多个物体进行拍摄时，最好使它们错落有致、疏密相间。这种布局方式要比一字排开更自然、更美观，其中某些商品还可以适当地相连或交错，让画面显得更加紧凑，主次分明。

图3-37所示的饼干商品图片采用了疏密相间法构图，图片左上角的点心盘子里叠放着很多块饼干，此为"密"；图片的右半边更大的空间里稀稀落落地摆了几块饼干，此为"疏"。盘子的边缘还有一块小饼干一半搭在盘沿上，另一半在台面上，形成巧妙的过渡。

图3-37　某品牌饼干疏密相间法构图

图3-38所示中的两张产品图，左侧图片中有八双袜子，但是由于疏密得当、错落有致，丝毫没有拥挤之感；而右侧图片中只是将袜子一字排开，尽管只有五双，还是给人一种拥挤沉闷的视觉感受。

图3-38　对比同行的构图效果

【试一试】

使用疏密相间法拍摄燕尾夹商品，并说出图片构图的优点和缺点。

五、远近结合法

如果想要增强拍摄画面的立体感，可以采用远近结合构图法。在拍摄时将远景和近景相结合，隐隐约约保留一点颜色比较淡的远景，可以使拍摄层次更加丰富；当多个商品出现在同一画面中时，也可以使部分商品置于模糊的远景中。

如图3-39所示，两块雪屋饼干前后排列，通过运用巧妙的远近结合法构图，饼干仿佛真的变成了矗立在大雪中的两座房子，整个图片生动且充满意趣。

图3-39　远近结合构图法

【试一试】

使用远近结合法拍摄两个水杯产品图，并说出图片构图的优点和缺点。

活动二　常用构图技巧案例分享

一、黄金分割构图案例

在拍摄商品照片时，以相机镜头中的井字形为例，井字形的4个交叉点就是黄金分割点，把主要商品放在4个交叉点位置上，就构成了黄金分割图案。

通过调整对焦点，突出商品主体，进一步提升了拍摄图片的质量，如图3-40所示。

图3-40　采用黄金分割构图拍摄的图片

【试一试】

结合现有素材，利用黄金分割构图法拍摄一组商品照片。

二、井字形构图法案例

当商品成对出现时，往往要明确画面中谁是主体，使用井字形构图能够很好地展现主体商品。井字形构图适合于任何长宽比的图像。把相机的图片尺寸直接调整成1∶1正方形，可以用来拍摄电商平台中商品图片，如图3-41所示。

图3-41　采用井字形构图拍摄的图片

【试一试】

利用井字形构图方法拍摄文具类商品图片。

三、三分法构图案例

图3-42所示的图片采用了三分法构图。通过摆放，把三个商品图片并排展示，充分展现了商品的特点。

图3-42 采用三分法构图拍摄的图片

【试一试】

利用手上物品拍摄三分法构图商品图片。

四、均衡式构图案例

均衡式构图法，多用于拍摄服装和箱包等商品，这些商品往往不需要太多的装饰物品，图片主要是为了突出商品本身的特点，所以需要把商品完全呈现在取景器里，以达到突出主体的效果。图3-43所示为采用均衡式构图法拍摄的图片。

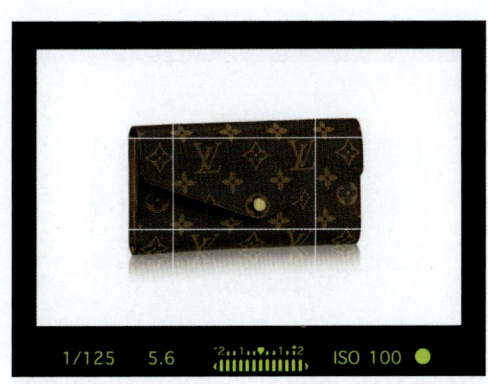

图3-43 采用均衡式构图拍摄的图片

【试一试】

利用均衡式构图法拍摄身边的箱包和服饰产品。

五、疏密相间构图案例

疏密相间构图常用于食品类商品信息采集,由于大多数食品类商品体积较小,单独呈现时略显单调。为了呈现出食品的质感和诱人的口味,通过疏密相间展示很恰当。图3-44所示为采用疏密相间构图法拍摄的图片。

图3-44　采用疏密相间构图法拍摄的图片

【试一试】

利用疏密相间购图法拍摄糖果类商品图片。

六、远近结合构图案例

远近结合构图法的使用场景比较多,通过远近对比结合对焦效果,在商品图片中局部突出商品主题,有更强的层次感,同时也增强了视觉差异化。图3-45所示为采用远近结合构图法拍摄的图片。

图3-45　采用远近结合法拍摄的图片

【试一试】

使用远近结合构图法拍摄饮料产品并与单品拍摄对比。

【任务评价】

过程考核评价表						
课程名称	商品信息采集与图片优化		学习任务	商品拍摄构图与布光		
班级：	姓名：		学号：	指导教师：		
评价项目	评价标准	评价依据	评价方式		得分	总分
^	^	^	小组评价（30%）	教师评价（70%）	^	^
职业素质	1.语言表达能力和逻辑分析能力（10分） 2.具有科学、严谨、创新的工作态度（10分） 3.具有较强的安全生产意识、质量意识、环保意识（10分）	1.教学日志 2.考勤、值日 3.课堂表现记录 4.工作现场表现 5.现场6s管理				
专业知识与技能	1.掌握商品摆放的技巧（10分） 2.掌握室内布景的技巧（20分） 3.掌握五种拍摄的构图方法（30分） 4.掌握拍摄视频的流程（10分）	1.能够使用黄金分割法拍摄照片 2.能够使用三分法拍摄照片 3.能够使用均衡式拍摄照片 4.能够使用疏密相间法拍摄照片 5.能够使用远近结合法拍摄照片 6.能够按流程拍摄短视频				

项目四

典型品类商品拍摄

【项目简介】

通过前面几个项目的学习,我们基本掌握了商品拍摄的一些基本概念及背景知识。从本项目开始,我们将进入学以致用的实战阶段。能够策划和实施完整的商品拍摄方案,是电子商务中对于摄影人员的基本要求,只有掌握商品拍摄的完整流程,了解不同品类商品的拍摄技巧,才能够胜任商品信息采编中拍摄这一环节的工作。

在项目四中,我们将学习常用类目商品的拍摄,包括食品类、服装类、数码产品类、美妆护肤品类、百货类、鞋类、箱包类和珠宝首饰共八大类商品。通过这一项目的学习,熟练掌握商品拍摄的流程与拍摄技巧。

【项目目标】

- 了解商品拍摄的步骤;
- 能够制定商品拍摄方案;
- 掌握商品拍摄环境和布光技巧;
- 掌握八大类商品的拍摄特点。

【思政目标】

- 提高学生的艺术修养及镜头表达能力,使学生会用镜头表达出国潮商品的魅力,传承中国传统文化。
- 作为商品拍摄岗位人员,体会到遵纪守法、诚信经营、爱岗敬业等社会主义核心价值观基本内容的重要内涵。
- 引导学生认识到良好的职业素养、爱岗敬业的职业精神、诚实守信的经营理念对自身发展和社会的重要意义。

任务一　食品类商品拍摄——拍摄红茶袋泡茶

【任务介绍】

拍摄食品类商品照片，不仅需要传达出味美的特点，更要求摄影师展现出一种生活理念。例如某些零食主打趣味、时尚，瞄准年轻消费群体，某些低糖食品主打健康，倡导一种既能满足味蕾，同时又能保证健康的生活方式。这就为商品信息采集工作带来了一定的挑战，摄影团队必须对此进行思考。

此任务中，我们将以立顿红茶为例，演示食品类目中饮品的拍摄技巧。在活动一中，我们将通过提炼红茶的特点对拍摄进行多维度的准确定位，再依据定位内容制定拍摄方案。

【任务实施】

活动一　红茶特点提炼

一、分析用户群以定位拍摄风格

红茶属于快速袋泡茶饮品，可以使用红茶制作不同口味的奶茶和水果茶。目标用户群定位为：白领、时尚女性、都市青年、都市煮妇；适用于休闲时光或用餐时作为休闲茶品饮用。

观察红茶的外包装，主色调是明亮的黄色。这和红茶的品牌宗旨"光明、活力和自然美好的乐趣"相吻合，在红茶的外包装上，"阳光"这个词多次出现。

图4-1　红茶外包装

综上所述，通过分析用户群，确定以简约时尚的风格拍摄红茶产品图片。

二、分析市场竞争对手图片以定位拍摄差异化

红茶与国内一些奶茶品牌的功能有重叠，因此我们选择了国内市场占有率较高的杯装冲泡奶茶品牌作为竞品分析。

（一）香飘飘奶茶

香飘飘奶茶图片以展示产品口味为主，突出了产品的多样化口味，缺乏展示产品本身"奶茶"的照片。

图4-2　香飘飘奶茶图片

（二）小茶匠红茶

小茶匠红茶，以包装吸引客户，缺乏产品使用场景的照片，无法展现其优势。

图4-3　小茶匠红茶包装

综上所述，通过分析竞争对手的图片，确定以展现红茶产品本身以及使用情景，体现拍摄的差异化。

三、分析产品卖点以定位拍摄内容

通过对产品功效、生产工艺的了解、红茶的品尝，总结出如表4-1所示的产品特色与卖点。

表4-1　分析卖点提炼拍摄内容

卖点	拍摄内容
进口红茶，所有茶叶均为进口新鲜嫩叶，采自阳光茶园	拍摄茶叶包，方便后期配文字，体现进口
茶味醇厚，茶香弥漫，气味芬芳	拍摄冲泡茶叶过程，体现香气四溢
饮茶提神，该茶具有提神的效果，同时比起咖啡，红茶也是更加健康的饮品	拍摄办公室用茶情景，体现提神醒脑，有助办公

活动二　设计商品拍摄方案

一、制定拍摄方案

在提炼了产品卖点之后，我们可以确定以下拍摄思路。

（一）外观整体展示

▼ 通过对产品外包装的整体拍摄，展现产品整体设计与品牌。

图4-4　产品外包装拍摄

▼ 通过对产品内包装的拍摄，展现产品食品安全的设计。

图4-5　产品内包装拍摄

▼ 通过对产品独立包装的拍摄，展现产品的组成细节。

图4-6　产品独立包装的整体拍摄

（二）产品细节展示

▼ 通过对产品保质期等重要细节信息的拍摄，展现食品安全细节。

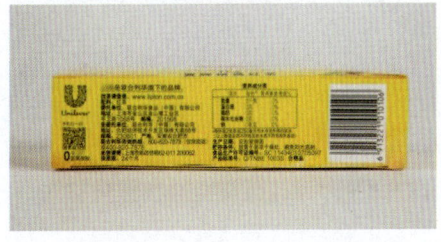

图4-7　产品细节信息的拍摄

项目四　典型品类商品拍摄 | 71

▼ 通过对产品使用方法的细节拍摄，消除买家对产品使用的疑虑。在红茶的外包装上，可以看到营养成分表等一系列参数。在食品类商品信息采集中，营养成分是需要重点展示的，特别是涉及产品卖点部分，如图4-8所示。

图4-8　产品使用方法的细节拍摄

（三）产品及品牌形象展示

▼ 通过对红茶冲泡方法的拍摄，展现红茶的香气四溢的效果。如图4-9中，图（a）颇具冲泡茶叶的动态感，图（b）是一张俯视图，展示出茶包浸泡在茶汤中的特殊状态，颜色诱人的茶汤十分具有美感。

（a）　　　　　　　　　　　　　　　　（b）

图4-9　红茶冲泡方法

▼ 通过对红茶使用情境图的拍摄，展现红茶提升醒脑，适合工作时饮用的效果。红茶的使用场景经常是写字楼的办公室或茶水间内，因此可以搭配电脑键盘、笔记本、餐点水果等作为道具，营造出下午茶时刻休闲舒适的气氛，如图4-10所示。

图4-10　红茶使用情境图

二、设计与实施红茶拍摄方案

（一）确定拍摄器材与配件

○ 拍摄器材：数码相机（尼康D5600）、摄像灯、镜物台等。
○ 配件：键盘、鼠标、透明茶杯、水果等（可自由选择）。

（二）确定相机参数

根据拍摄环境的灯光情况，对光圈、快门、ISO进行设置。在拍摄不同物品时，光圈、快门要根据物品的不同特点进行及时的调整，确保照片的进光量大、画面的前后景比较清晰，图像比较锐利，成像一般都不会模糊。但具体情况还是要根据当时的拍摄环境、灯光光线来进行调整，以保证最佳的拍摄效果，如表4-2所示。

表4-2 红茶样张参数详情表

产品样张	建议拍摄参数
	（1）光圈：F/5.6 （2）快门：1/125秒 （3）ISO-100
	（1）光圈：F/5.6 （2）快门：1/125秒 （3）ISO-100
	（1）光圈：F/5.6 （2）快门：1/125秒 （3）ISO-100
	（1）光圈：F/5.6 （2）快门：1/125秒 （3）ISO-100
	（1）光圈：F/9 （2）快门：1/125秒 （3）ISO-100
	（1）光圈：F/9 （2）快门：1/125秒 （3）ISO-100

续表

产品样张	建议拍摄参数
	（1）光圈：F/7.1 （2）快门：1/125秒 （3）ISO-100
	（1）光圈：F/11 （2）快门：1/125秒 （3）ISO-100
	（1）光圈：F/10 （2）快门：1/125秒 （3）ISO-100
	（1）光圈：F/10 （2）快门：1/125秒 （3）ISO-100

（三）确定拍摄场景与摆放

这款红茶针对的目标群体是都市白领等，因此在布置拍摄环境时，可以想象一下办公室的饮茶场景。午后，冲泡一杯茶，坐在电脑面前，既可以消食又能提神。键盘、笔记本、钢笔这些办公用具可以成为很好的道具，再搭配一盘色泽诱人的水果，颜色明亮的杂志，可烘托出轻松愉快的下午茶氛围。

图4-11　红茶拍摄环境

（四）确定拍摄光线与布光

（1）顺光拍摄

图4-12为顺光拍摄，顺光的光线照射方向与相机的拍摄方向基本一致，阴影遮挡在物体后面，在画面构成上没有明显的明暗关系。顺光使被摄物体亮度均匀柔和，也更容易遮挡瑕疵，而与此同时也会缺乏立体感和塑

形感。顺光下的拍摄成像清晰，色彩、线条、形态、气氛都能得到真实的还原。立顿红茶的包装正面、茶包正面和商标，都得到了清晰的展示。

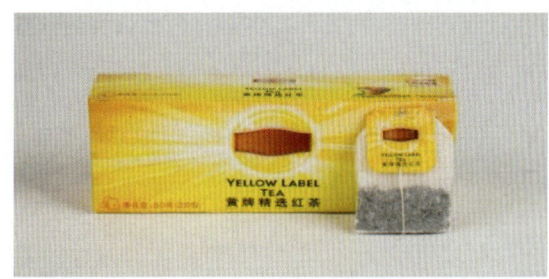

图4-12　顺光拍摄图

【小贴士】

顺光拍摄时，容易将物品拍摄得较为平面，缺乏立体感，可以运用以下几种方法来改善。

（1）近距离拍摄主体，物品占比拍摄画面中大部分区域。

（2）对该物品进行对焦，保证主体清晰。

（3）保证画面横平竖直，不要出现歪斜。

（4）可以通过对角线构图和居中构图的方法进行拍摄。

（2）顶光拍摄

图4-13为顶光拍摄。从上方拍摄的视角加上顶光的光源运用方式，可很好地突出茶包在茶汤中充分浸泡产生的视觉美感。

图4-13　顶光拍摄图

（五）确定拍摄方位与角度

（1）拍摄方位

▼ 正面拍摄：照相机对着被摄物正面拍摄，主体处于画面中心。

▼ 侧面拍摄：照相机对着被摄物的侧面拍摄。特点：善于表现景物的轮廓线，主体的动作姿态、人物对话、教师备课等；侧拍画面具有明显的方向性，但只有被摄物的侧面，立体感差；常利用正侧面平等追随法拍摄人或物体的运动。

（2）拍摄角度

▼ 平拍：照相机与被摄物体在同一水平线上拍摄。

图4-14　红茶商品平拍效果

▼ 俯拍：照相机高于被摄物水平线向下拍摄。

图4-15　红茶商品俯拍效果

【任务评价】

过程考核评价表						
课程名称	商品信息采集与图片优化		学习任务	如何拍好食品类照片		
班级：		姓名：	学号：	指导教师：		
评价项目	评价标准	评价依据	评价方式		得分	总分
^	^	^	小组评价（30%）	教师评价（70%）	^	^
职业素质	1.语言表达能力和逻辑分析能力（10分） 2.具有科学、严谨、创新的工作态度（10分） 3.具有较强的安全生产意识、质量意识、环保意识（10分）	1.教学日志 2.考勤、值日 3.课堂表现记录 4.工作现场表现 5.现场6s管理				
专业知识与技能	1.掌握食品类商品的特点提炼方法（30分） 2.掌握食品类商品拍摄方案的设计方法（40分）	1.能够对红茶进行商品特点提炼 2.能够设计红茶的拍摄方案 3.能够根据拍摄方案拍摄出商品图片（需要包含主图、细节图1正、1反、3细节，至少5张）				

任务二　服装类商品拍摄——拍摄男士衬衫

【任务介绍】

在电商行业，服装类一直都是需求量大、复购率高的类目，是电商企业争夺用户潜力最大的品类市场。在各大电商平台中，服装类店铺的占比超过40%，是网店的主力军，因此作为电子商务专业的学生，服装类的拍摄是学习的重点。

在此任务中，将以一款男士职业衬衫为例演示这类商品的拍摄技巧。在活动一中，我们将为男士职业衬衫设计一套拍摄方案；在活动二中，实施男士职业衬衫的拍摄方案。

【任务实施】

活动一　男士衬衫特点提炼

一、分析用户群以定位拍摄风格

夕夕九木在男士职业衬衫（见图4-16）的市场占有率较高，消费者集中在25～40岁的职场男性，这些消费者的需求明显，即在某品牌满足日常办公需求的同时，还能适应一些商务会议。

综上所述，通过分析用户群，确定以简约时尚的风格拍摄夕夕九木男士职业衬衫产品图片。

图4-16　夕夕九木男士衬衫

二、分析市场竞争对手图片以定位拍摄差异化

夕夕九木是国内职业装品牌，主要在电商渠道进行销售。其中男士职业衬衫为明星产品，我们将通过与其他品牌相同定位的男士职业衬衫进行分析。

（一）欧比森职业装（见图4-17）

图4-17　欧比森男士衬衫

欧比森衬衫产品图片主要以时尚风格为主，衬衫图片主要侧重于色彩的表达，缺乏职业装的特色。

（二）恒源祥衬衫（见图4-18）

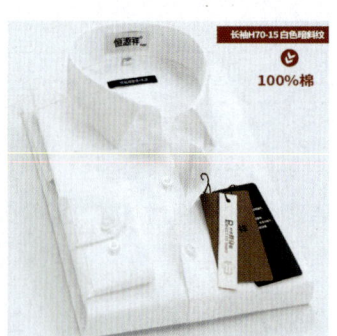

图4-18　恒源祥衬衫

恒源祥衬衫侧重于包装展示，缺乏动感体验。

综上所述，通过对竞争对手图片的分析，确定通过拍摄职业风格、细节展示等方面来体现差异性。

三、分析产品卖点以定位拍摄内容

对于这款"夕夕九木男士职业衬衫"，我们可以提炼出如表4-3所示的几条卖点。

表 4-3　产品特色与卖点

特色	拍摄内容
采用全新的抗皱面料，解决衬衫易皱的缺点，解放了男士衬衫需要每天熨烫的消费者痛点	拍摄面料细节图片
面料升级、体感舒适，让工作中的男士不再有压力	拍摄产品工作场景图片
修身版型设计，避免职业装的呆板，职业化的同时更能修饰中国男士的身材，增加时尚感	拍摄模特素材图片

活动二　设计商品拍摄方案

一、制定拍摄方案

通过对衬衫产品的卖点提炼与分析，我们确定以下拍摄思路。

（一）产品整体展示

▼ 将衬衫平铺摆放整齐，分别展示衬衫的正面和背面。通过对男士衬衫的外观整体图展示（见图4-19），让购买者可以清晰地了解到衬衫的款式、大小、外形、气质等因素，增加消费者的整体感知。

图4-19 衬衫的正面、背面图

▼ 通过拍摄折叠后的产品照片，展示商品包装细节，如图4-20所示。

图4-20 衬衫的折叠图

（二）产品细节展示

拍摄衬衫产品的面料照片可体现产品的做工细节。男士衬衫作为男士衣橱里必备的衣服之一，质量、舒适度等也尤为重要，而这些必须要通过产品细节图进行展示，如领口、袖口、肩部、背面和衣服面料等，如图4-21所示。

图4-21 衬衫细节展示图

(三)情景图展示

通过拍摄商品情景图的搭配拍摄(见图4-22),让消费者产生带入感。若有条件的,更可以采用真人模特的拍摄方式来展示服装。

图4-22　商品情景图采用真人模特方式拍摄

【小贴士】

(1)服装类为大件商品,此类商品拍摄应当选择空间较大的场地,室内室外都可以。

(2)在室内拍摄时要尽量选择单色、简洁的背景,照片中不宜出现与商品不相关的物体和内容,一些衬托商品使用的参照物和配饰除外。

(3)服装摆放造型以突出服装卖点为重点,使服装产生立体效果。在拍摄一些服饰产品时,由于条件的限制,可能没有模特来帮忙进行拍摄,为了突出衣服的立体感,我们可以利用一些物体在衣服内部进行部分填充,另外也可以使用一些立体衣架等工具,使服装摆放立体。

二、设计与实施男士衬衫拍摄方案

(一)确定拍摄器材与配件

○拍摄器材:数码相机(尼康D5600)、摄像灯、镜物台等。

○配件:(可自由选择)。

(二)确定相机参数

相机的参数设置如表4-4所示。

表4-4　样张参数详情

产品样张	建议拍摄参数
	(1)光圈F13 (2)快门1/125秒 (3)ISO-100

续表

产品样张	建议拍摄参数
	（1）光圈F14 （2）快门1/125秒 （3）ISO-100
	（1）光圈F13 （2）快门1/125秒 （3）ISO-100
	（1）光圈F13 （2）快门1/125秒 （3）ISO-100
	（1）光圈F13 （2）快门1/125秒 （3）ISO-100
	（1）光圈F13 （2）快门1/125秒 （3）ISO-100
	（1）光圈F13 （2）快门1/125秒 （3）ISO-100
	（1）光圈F13 （2）快门1/125秒 （3）ISO-100
	（1）光圈F13 （2）快门1/125秒 （3）ISO-100

（三）确定拍摄场景与摆放

男士衬衫的款式、质量等至关重要，在拍摄时应突出衬衫主体。因此，最好的构图方式就是采用九宫格构图法和对称式构图法，此外还需注意拍摄的角度。如图4-23和图4-24所示。

图4-23　对称式构图法

图4-24　九宫格式构图法

（四）确定光线与布光

两个柔光灯放于商品左右两侧，呈60°夹角，商品背后放置反光板补光，拍摄背景应为白色。

顺光使被摄物体亮度均匀柔和，也更容易遮挡瑕疵，而与此同时也不会缺乏立体感和塑形感。顺光下的拍摄成像清晰，色彩、线条、形态、气氛都能得到真实的还原。

（五）确定拍摄方位与角度

正面拍摄：照相机对着被摄物正面拍摄，让主体处于画面中心，如图4-25所示。

图4-25　白色背景拍摄

【任务评价】

<table>
<tr><td colspan="7" align="center">过程考核评价表</td></tr>
<tr><td>课程名称</td><td colspan="2">商品信息采集与图片优化</td><td>学习任务</td><td colspan="3">如何拍好服装类商品照片</td></tr>
<tr><td>班级：</td><td colspan="2">姓名：</td><td>学号：</td><td colspan="3">指导教师：</td></tr>
<tr><td rowspan="2">评价项目</td><td rowspan="2">评价标准</td><td rowspan="2">评价依据</td><td colspan="2">评价方式</td><td rowspan="2">得分</td><td rowspan="2">总分</td></tr>
<tr><td>小组评价（30%）</td><td>教师评价（70%）</td></tr>
<tr><td>职业素质</td><td>1.语言表达能力和逻辑分析能力（10分）
2.具有科学、严谨、创新的工作态度（10分）
3.具有较强的安全生产意识、质量意识、环保意识（10分）</td><td>1.教学日志
2.考勤、值日
3.课堂表现记录
4.工作现场表现
5.现场6s管理</td><td></td><td></td><td></td><td></td></tr>
<tr><td>专业知识与技能</td><td>1.掌握服装类商品的特点提炼方法（30分）
2.掌握服装类商品拍摄方案的设计方法（40分）</td><td>1.能够对男士衬衫进行商品特点提炼
2.能够设计男士衬衫的拍摄方案
3.能够根据拍摄方案拍摄出商品图片（需要包含主图、细节图1正、1反、3细节，至少5张）</td><td></td><td></td><td></td><td></td></tr>
</table>

任务三 数码产品类商品拍摄——拍摄鼠标

【任务介绍】

在绝大多数的网购消费清单上,数码产品都会占有不小的比重。尤其是年轻人,动辄花费数千元购买一款心仪的数码产品,可能是最新款的手机,也可能是一副性能卓越的耳机。

学习如何拍摄数码产品,是电商摄影中不可或缺的一课。接下来,我们将以鼠标为例,在活动一中,我们将通过竞品分析来理解鼠标的产品卖点;在活动二中,实施鼠标拍摄方案。

【任务实施】

活动一 鼠标特点提炼

一、分析用户群以定位拍摄风格

鼠标的产品定位是平价、商务办公和性能稳定的光电鼠标,这款鼠标更适应用于商务办公人士,如图4-26所示。

图4-26 鼠标

综上所述,通过分析用户群,确定以商务办公风格拍摄鼠标产品图片。

二、分析市场竞争对手图片以定位拍摄差异化

鼠标属于办公类的鼠标,我们选择了行业内常用的两个品牌做对比。

1.静音无线鼠标(见图4-27),产品特点轻盈、小巧。

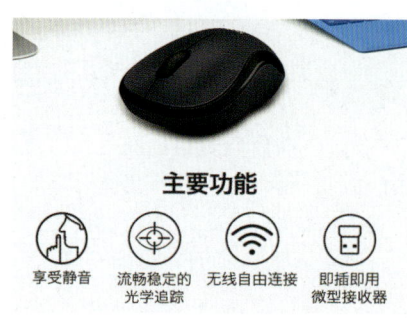

图4-27 静音无线鼠标

2.联想无线鼠标M120Pro（见图4-28），产品外观设计相对古板，不时尚。

图4-28 联想无线鼠标

综上所述，通过分析用户群，确定以商务办公风格拍摄案例鼠标产品图片，以突出产品的便捷、简约、高性能的特点。

三、分析产品卖点以定位拍摄内容

通过阅读和分析产品说明书，提炼出产品卖点。对于这款鼠标，提炼出如表4-5所示的几条卖点。

表 4-5 产品特色与卖点

卖点	拍摄内容
无线连接，使用及携带方便，与有线鼠标相比，无线鼠标更加便捷，也是技术进一步成熟的产物	拍摄商品无线连接细节
智能休眠，省电，持久续航，这款鼠标在停止操作一段时间后，会自动进入休眠状态，因此比起其他同类产品更加省电，续航时间更长	拍摄商品智能休眠细节
静音按键，金属滚轮防滑，鼠标左右键按下时，几乎没有声音，中间的滚轮为金属材质，既防滑又提升了产品的质感	拍摄鼠标按键细节

活动二 设计商品拍摄方案

一、制定拍摄方案

（一）外观整体展示

▼ 对外观进行整体展示，使消费者对商品有一个直观的了解。这款鼠标在外观上的特点是流线感设计，线条顺滑。

▼ 为了突出这些特点，需要从整体上对产品外观进行拍摄，使消费者对产品有一个整体认知，外观展示如图4-29所示。

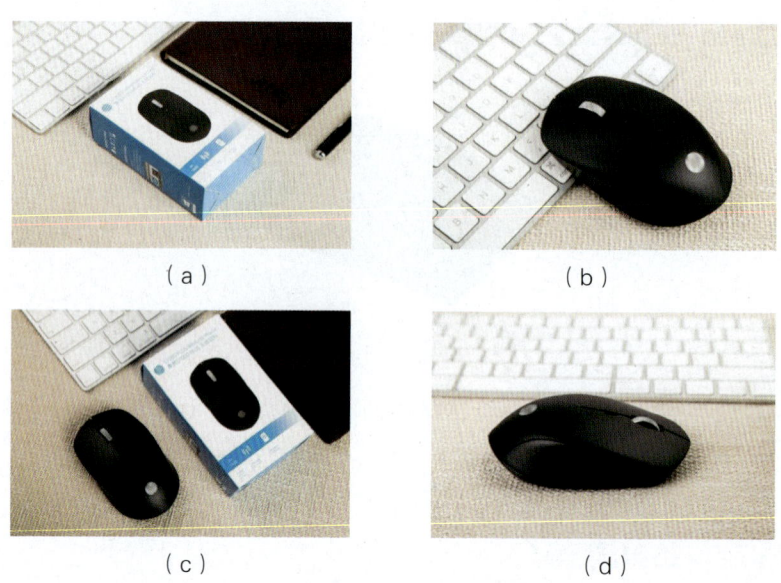

图4-29 鼠标外观整体图

(二)产品细节展示

▼ 对鼠标的局部细节进行拍摄,可以着重突出产品的优势,提供足够多的细节图,可以增强消费者对产品的信任。

▼ 对鼠标的内部细节图进行拍摄,通过不同的拍摄角度,展示的是鼠标的侧面与底部的细节,如图4-30所示。

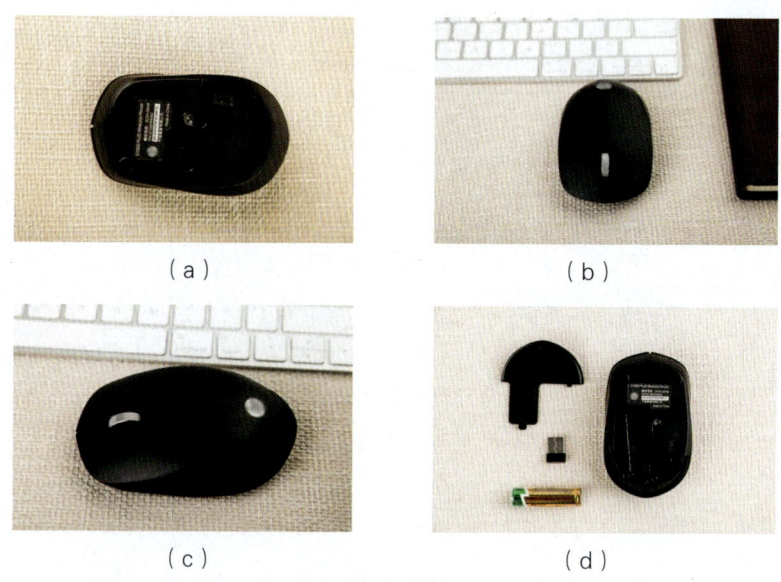

图4-30 鼠标细节图

▼ 拍摄产品参数图片,可以让消费者对产品有更全面的了解,掌握产品的主要参数,如图4-31所示。

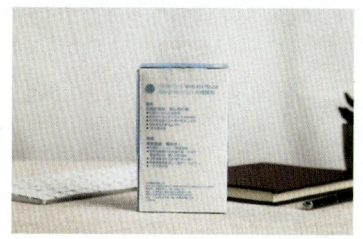

图4-31 鼠标参数图

(三）产品情景展示

▼ 把产品放在合适的情境，能够最大限度地刺激消费者的想象，进而达到拍摄目的，如图4-32所示。

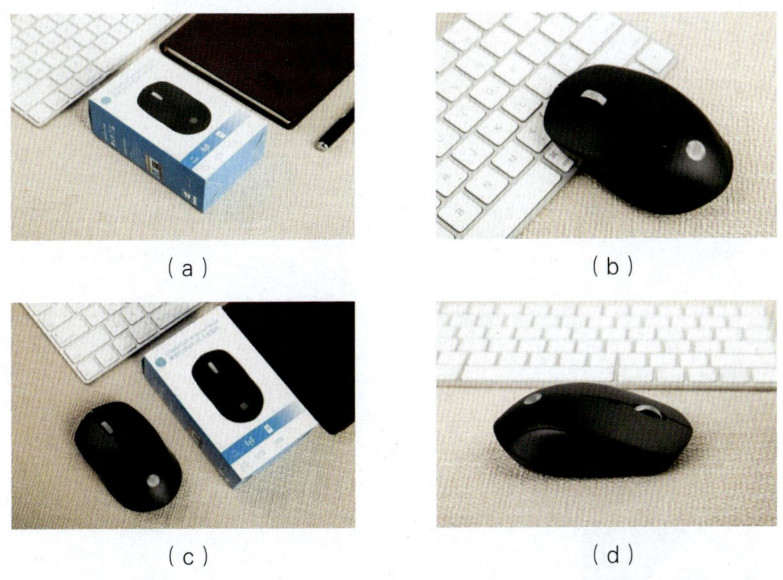

图4-32 鼠标情境图

▼ 通过拍摄使用时的手部特写，营造使用情景的工作氛围，如图4-33所示。

图4-33 鼠标使用时的手部特写

【小贴士】

（1）数码产品通常会采用金属材质或一些反光特质材质，表面光滑，在拍摄时容易造成表面反光，或倒映出拍摄者的影像。因此拍摄小件数码商品时可以采用柔光箱，而体积较大的商品则可使用柔光灯、遮光板防止倒影的出现。

（2）禁止使用闪光灯，必要时可采用曝光补偿。

（3）如数码商品有相关的配件和包装盒，建议将相关物品放置一起拍摄"全家福"。

二、设计与实施鼠标拍摄方案

（一）确定拍摄器材与配件

○拍摄器材：数码相机（尼康D5600）、摄像灯、镜物台等。

○配件：键盘、笔记本、绿植等（可自由选择）。

（二）确定相机参数

相机的参数设置如表4-6所示。

表 4-6　鼠标样张参数详情

产品样张	建议拍摄参数
	（1）光圈：F/8 （2）快门：1/125秒 （3）ISO-125
	（1）光圈：F/9 （2）快门：1/125秒 （3）ISO-125
	（1）光圈：F/9 （2）快门：1/125秒 （3）ISO-125
	（1）光圈：F/9 （2）快门：1/125秒 （3）ISO-125
	（1）光圈：F/9 （2）快门：1/125秒 （3）ISO-125
	（1）光圈：F/9 （2）快门：1/125秒 （3）ISO-125
	（1）光圈：F/9 （2）快门：1/125秒 （3）ISO-125
	（1）光圈：F/9 （2）快门：1/125秒 （3）ISO-125

（三）确定拍摄场景与摆放

布置拍摄环境有一个比较简单的基本思路，那就是还原应用场景。通过模拟商品的应用场景，使消费者产生使用该产品的想象。

鼠标通常应用于工作或学习场景，因此，拍摄时可以加入键盘、笔记本、钢笔等道具，营造使用情境，辅助拍摄。

如图4-34所示，拍摄台上铺了一层米色桌布作为背景，将拍摄主体即鼠标放在中心位置上，周围以一些小道具作为点缀。笔记本、钢笔和键盘等常与鼠标共同出现的物品作为道具，重建了鼠标的日常使用场景。另外，可摆放一盆绿植作为点缀，以免画面太过沉闷。

（a）　　　　　　　　　　　　　（b）

图4-34　鼠标拍摄环境

（四）确定拍摄光线与布光

在鼠标的拍摄中，用到了主光、辅光并配以柔光箱。在图4-35的拍摄过程中，摄影师采用了侧光。这是一种比较常见的摄影光线，要求摄影师与被摄物体处于同一轴线上，光线从轴线两侧发出。测光使被摄物品有鲜明的层次感和立体感，被称为"质感照明"，能够使被摄物体产生强烈的明暗对比，使形态、线条、质感得以突出。侧光拍摄下鼠标的阴影比较明显，但同时凸显了立体感。

图4-35　鼠标侧光拍摄

在图4-36的拍摄中，摄影师采用了顶光。顶光，又称骷髅光，最具代表性的顶光就是正午的阳光，这种光线使凸出来的部分更明亮、凹进去的部分更阴暗。顶光拍摄下，鼠标的顶部得到了清晰的展现。顶光在人物和风景摄影中应用较少，但是在商品摄影中是比较常见的。

图4-36　鼠标顶光拍摄

（五）确定拍摄方位与角度

▼ 正面拍摄：照相机对着被摄物正面拍摄，主体处于画面中心，如图4-37所示。
▼ 侧面拍摄：照相机对着被摄物的侧面拍摄，如图4-38所示。

图4-37　正面拍摄

图4-38　侧面拍摄

【任务评价】

过程考核评价表							
课程名称	商品信息采集与图片优化		学习任务	如何拍好数码产品类商品照片			
班级：		姓名：		学号：	指导教师：		
评价项目	评价标准		评价依据	评价方式		得分	总分
^	^		^	小组评价（30%）	教师评价（70%）	^	^
职业素质	1.语言表达能力和逻辑分析能力（10分） 2.具有科学、严谨、创新的工作态度（10分） 3.具有较强的安全生产意识、质量意识、环保意识（10分）		1.教学日志 2.考勤、值日 3.课堂表现记录 4.工作现场表现 5.现场6s管理				
专业知识与技能	1.掌握数码产品类商品的特点提炼方法（30分） 2.掌握数码产品类商品拍摄方案的设计方法（40分）		1.能够对鼠标进行商品特点提炼 2.能够设计鼠标的拍摄方案 3.能够根据拍摄方案拍摄出商品图片（需要包含主图，细节图1正、1反、3细节，至少5张）				

任务四　美妆护肤类商品拍摄——拍摄润肤霜

【任务介绍】

美容护肤品的种类五花八门，不同的产品具有不同的特点。例如，同样是护肤品，具有美白功效的面膜和主打补水功效的面霜，拍摄的商品图片风格迥异。因此，要求拍摄者必须了解美容护肤产品本身的特色，扣紧卖点去拍摄相应的商品图片。

此任务中将以一款宝宝适用的润肤霜为例演示这类商品的拍摄技巧。在活动一中，我们将为润肤霜设计一套拍摄方案；在活动二中，实施润肤霜拍摄方案。

【任务实施】

活动一　润肤霜特点提炼

一、分析用户群以定位拍摄风格

婴儿蜂蜜润肤霜（见图4-39）的用户主要是婴幼儿，产品定位为解决婴儿皮肤干燥引起的问题，预防婴儿面部皮肤皴裂、干红、缺水，适合秋冬干燥的季节使用。

综上所述，通过分析用户群，确定以浅色系风格拍摄润肤霜产品图片。

图4-39　婴儿蜂蜜润肤霜

二、分析市场竞争对手图片以定位拍摄差异化

（一）郁美净儿童霜

郁美净儿童霜的商品图片（见图4-40），主要凸显了纯天然成分，不含香精、色素；纯植物配方，双菊精华。

图4-40　郁美净儿童霜

（二）燕麦婴儿保湿润肤霜

保湿润肤霜图片（见图4-41），主要展现了不添加酒精、防腐剂等内容，为美国进口产品。

图4-41 保湿润肤霜

综上所述，通过分析竞争对手的图片，确定以展现强生婴儿蜂蜜润肤霜蜂蜜特点、产品安全及使用情景，体现拍摄的差异化。

三、分析产品卖点以定位拍摄内容

强调案例品牌的优势及婴幼儿系列产品的专业度，突出产品的安全性能，打消消费者的疑虑，同时需要突出产品的功效，及能够解决"妈妈"的痛点问题。对于这款"某品牌婴儿蜂蜜润肤霜"，我们可以提炼出如表4-7所示的几条卖点。

表 4-7 产品特色与卖点

特点	拍摄内容
天然成分，产品安全，产品成分源自芦荟和蜂蜜的滋润精华，对婴幼儿皮肤温和无刺激	拍摄配方，体现安全
深层滋润，这款属于"特别倍护"产品，滋润效果加倍，解决妈妈困扰的问题	拍摄产品，展现产品的滋润效果
温和修复，突出功效，温和修复宝宝皴裂、起皮、红脸蛋等皮肤问题	拍摄宝宝皮肤，体现功能

活动二　设计商品拍摄方案

一、制定拍摄方案

基于这款护肤品的用户是宝宝这个特殊的群体，所以这款产品的商品图片拍摄就要与成人护肤品有所区别，特别是在情境图拍摄上需要加以区分。

（一）产品整体展示

整个产品的外观设计，无论是包装盒还是内胆均以橙色和白色为主色调，上面还印着蜂蜜和芦荟的图案，显然"源自食物的天然营养"这一卖点是品牌最想表达的商品卖点。

▼ 通过多角度拍摄产品包装，展现产品整体外观，如图4-42所示。

图4-42 多角度拍摄产品包装

▼ 通过改变拍摄角,尝试更改拍摄物品的摆设方式,使照片看起来更加灵动,如图4-43所示。

图4-43 拍摄产品的摆设方式

【小贴士】

(1)美容护理类的商品在摆放时可以采用比对物,告知消费者该商品的体积,以免产生误会。

(2)可以采用将同系列的产品放在一起拍摄,使消费者在浏览某一种商品时可能对其他商品产生兴趣,以增加访问量。

(二)展示产品局部细节

向消费者展示他们更关心的产品本身,展示瓶装部分。

▼ 拧开盖子拍摄细节照片,展示润肤霜的色泽、质地,如图4-44所示。

 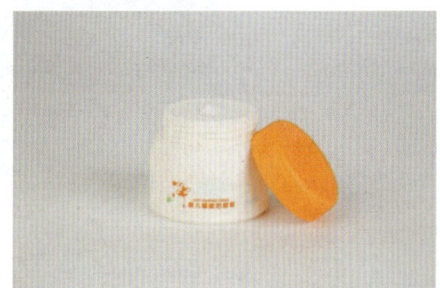

图4-44 润肤霜局部细节图

▼ 拍摄芦荟、蜂蜜细节,展现商品纯天然特点,如图4-45所示。

图4-45 植物搭配细节图

▼ 通过拍摄产品参数图片，突出产品成分细节，如图4-46所示。

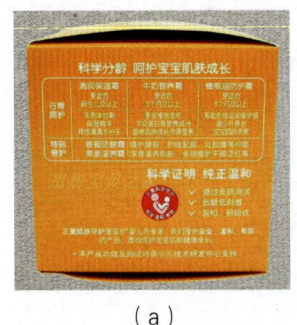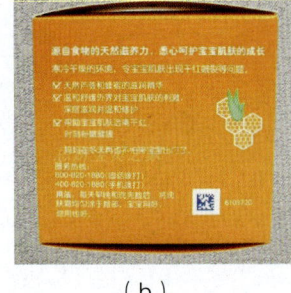

（a） （b）

图4-46 润肤霜参数图

【小贴士】

可拍摄此类商品的瓶口、商品文字标签、保质日期等细节图，增加消费者对产品的信任度。

（三）情景图拍摄

搭配合适的情景道具，让消费者有场景的带入感。通过拍摄使用情景，增加产品真实性，减少顾客购买顾虑，如图4-47所示。

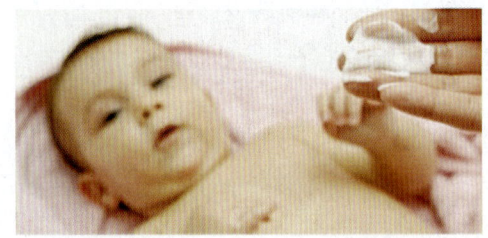

图4-47 宝宝正在使用该润肤霜

二、设计与实施鼠标拍摄方案

（一）确定拍摄器材与配件

○拍摄器材：数码相机（尼康D5600）、摄像灯、镜物台等。

○配件：包装盒、盘子、水果等（可自由选择）。

（二）确定相机参数

相机的参数设置如表4-8所示。

表 4-8　润肤霜样张参数详情表

产品样张	建议拍摄参数
	（1）光圈：F/8 （2）快门：1/125秒 （3）ISO-100
	（1）光圈：F/8 （2）快门：1/125秒 （3）ISO-100
	（1）光圈：F/8 （2）快门：1/125秒 （3）ISO-100
	（1）光圈：F/8 （2）快门：1/125秒 （3）ISO-100
	（1）光圈：F/8 （2）快门：1/125秒 （3）ISO-100
	（1）光圈：F/9 （2）快门：1/125秒 （3）ISO-100
	（1）光圈：F/8 （2）快门：1/125秒 （3）ISO-100
	（1）光圈：F/8 （2）快门：1/125秒 （3）ISO-100
	（1）光圈：F/8 （2）快门：1/125秒 （3）ISO-100

（三）确定拍摄场景与摆放

为了烘托自然、舒适的氛围，突出润肤霜滋润、温和、成分自然等特点，参考图4-48（a），以一些绿植作为背景或者道具，就能拍出不错的效果。

（a）

（b）

图4-48　植物搭配情境图

（四）确定拍摄光线与布光

在图4-49这两张整体图的拍摄中，采用了顺光光源。顺光光源是将光源、拍摄者和被摄对象位于同一轴线上，光源一般来自拍摄者的身后。这种光源比较平淡，明暗反差小，设置适用于颜色鲜艳的商品，可以很好地还原真实色彩和线条。

图4-49　润肤霜顺光光源图

（五）确定拍摄方位与角度

▼ 正面拍摄：照相机对着被摄物的正面拍摄，如图4-50所示。

图4-50　润肤霜正面拍摄

▼ 斜侧拍摄：照相机对着护肤霜的斜侧面拍摄，如图4-51所示。

特点：画面既有被摄物的正面又具有被摄物的侧面，立体感和纵深感较强；善于表现画面中护肤霜的呼应关系，又能突出主体，分清主次；善于表现景物的斜线构图。

图4-51 润肤霜斜测拍摄

【任务评价】

过程考核评价表							
课程名称	商品信息采集与图片优化		学习任务	如何拍好美妆护肤类商品照片			
班级：		姓名：		学号：	指导教师：		
评价项目	评价标准		评价依据		评价方式		得分	总分
^	^		^		小组评价（30%）	教师评价（70%）	^	^
职业素质	1.语言表达能力和逻辑分析能力（10分） 2.具有科学、严谨、创新的工作态度（10分） 3.具有较强的安全生产意识、质量意识、环保意识（10分）		1.教学日志 2.考勤、值日 3.课堂表现记录 4.工作现场表现 5.现场6s管理				
专业知识与技能	1.掌握美妆护肤类商品的特点提炼方法（30分） 2.掌握美妆护肤类商品拍摄方案的设计方法（40分）		1.能够对润肤霜进行商品特点提炼 2.能够设计润肤霜的拍摄方案 3.能够根据拍摄方案拍摄出商品图片（需要包含主图，细节图1正、1反、3细节，至少5张）				

任务五　百货类商品拍摄——拍摄保温杯

【任务介绍】

保温杯是商务办公常见的生活用品之一，根据材料分类，保温杯可以分为玻璃、不锈钢等。由于金属与磨砂的物品在拍摄上有一定的特殊性，因此我们选用不锈钢保温杯作为商品信息采集的对象。

在此任务中，将以一款不锈钢保温杯为例演示这类商品的拍摄技巧。在活动一中，我们将为不锈钢保温杯设计一套拍摄方案；在活动二中，实施不锈钢保温杯的拍摄方案。

【任务实施】

活动一　保温杯特点提炼

一、分析用户群以定位拍摄风格

小米保温杯定位终端市场，价格适中、产品美观、质量过硬。

图4-52　小米保温杯

综上所述，通过分析用户群与企业品牌定位，确定以简约生活+科技创新的风格拍摄小米水杯产品图片（见图4-52）。

二、分析市场竞争对手图片以定位拍摄差异化

（一）富光保温杯

富光保温杯的图片（见图4-53）风格偏向暗色系，更加商务。

图4-53　富光保温杯

（二）虎牌保温杯

虎牌保温杯的图片（见图4-54）偏向复古，缺乏科技感。

图4-54　虎牌保温杯

三、分析产品卖点以定位拍摄内容

为突出品牌的明显优势，突出产品质量、工艺、设计等方面的优势，对于这款"小米保温杯"，我们可以提炼出如表4-9所示的几条卖点。

表4-9　产品特色与卖点

特点	拍摄内容
316L不锈钢内胆，健康材质，样式简洁，适合食用	拍摄产品不锈钢层
轻旋薄内胆，保温时间长，轻便易携带	拍摄产品内胆，突出保温时间
480mL大容量，储存空间大，可以满足日常办公与旅行	拍摄产品容量空间，突出大容量特点

活动二　设计商品拍摄方案

一、制定拍摄方案

（一）产品整体展示

▼ 拍摄产品整体外形，让客户了解产品整体造型与颜色，外包装部分也需要拍摄，如图4-55所示。

图4-55　保温杯整体外形展示图

（二）产品细节展示

▼ 拍摄产品杯盖细节照片，体现设计工艺、品质是否细腻等，如图4-56所示。

图4-56　保温杯上半部分展示图

▼ 拍摄不锈钢细节图片，体现产品内部细节，如图4-57所示。

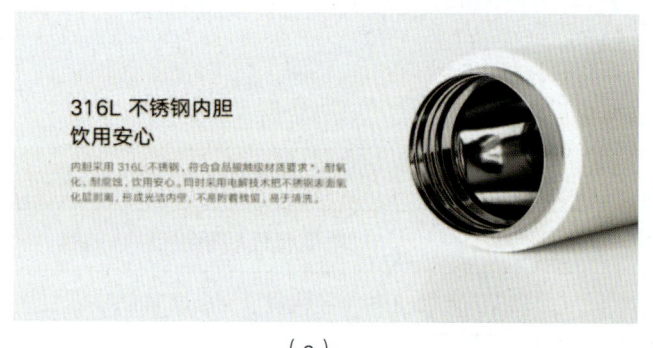
（a）

（b）

图4-57　保温杯细节展示图

▼ 拍摄杯盖组件照片，展现杯盖儿细节，如图4-58所示。

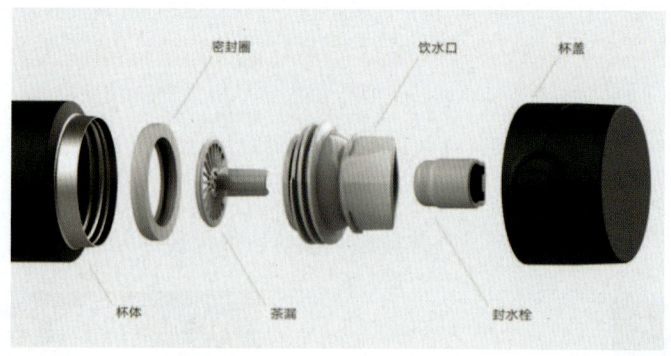

图4-58　保温杯盖子细节图

（三）情境图展示

搭配合适的情景图，将保温杯与使用场景结合起来，展示使用场景。

▼ 拍摄用杯子喝水的照片，展现生活化应用场景，如图4-59所示。

图4-59　保温杯使用情境图

▼ 拍摄产品在生活化场景的照片，展现水杯的生活品位，如图4-60所示。

图4-60　保温杯生活化场景图

保温杯不仅仅是喝水的杯子，更能体现一种生活品位与意境。

二、设计与实施保温杯拍摄方案

（一）确定拍摄器材与配件

○拍摄器材：数码相机（尼康D5600）、摄像灯、镜物台等。

○配件：键盘、鼠标、透明茶杯、水果等（可自由选择）。

（二）确定相机参数

相机参数的设置如表4-10所示。

表 4-10　保温杯样张参数详情表

产品样张	建议拍摄参数
	（1）光圈：F/6.3 （2）快门：1/125秒 （3）ISO-125
	（1）光圈：F/6.3 （2）快门：1/125秒 （3）ISO-125

续表

产品样张	建议拍摄参数
	（1）光圈：F/6.3 （2）快门：1/125秒 （3）ISO-125
	（1）光圈：F/6.3 （2）快门：1/125秒 （3）ISO-125
	（1）光圈：F/6.3 （2）快门：1/125秒 （3）ISO-125

（三）确定拍摄场景与摆放

如图4-61所示，由于我们要拍摄的商品是磨砂+不锈钢，产品也有多种颜色，所以我们将其放置在灰白色的背景中，可以让产品更具质感与立体感。同时在后期制作详情页时，有利于进行抠图等操作。

图4-61　保温杯商品图

我们可以充分利用道具，创建出一些日常生活场景。在如图4-62所示的图片中，采用了帆布背包作为道具，搭建出了一个现实感很强的应用场景。此外，蓝色的背包内胆，与白色保温杯的搭配，也多了几分生动和视觉冲击力。

图4-62　保温杯使用情境图

（四）确定拍摄光线与布光

在图4-63的拍摄中，采用了昏暗背景照明法。昏暗背景照明法是将背景布置为昏暗，进而突出商品的立体感。

这种布光方法通常是在相机与被摄体之间拉一块黑色背景，在被摄物体的斜前方两侧设置商品照明和背景照明。如果反光较严重，可以微调灯光位置，直至呈现出满意的效果。

图4-63　保温杯昏暗背景照明图

图4-64采取的则是常见的顺光布光方式，也是与昏暗背景照明法相对的明亮背景照明法。通过两图对比可知，昏暗背景照明法在突出物体的轮廓和立体性上，明显优于明亮背景照明法。

图4-64　保温杯明亮背景照明法

（五）确定拍摄方位与角度

▼ 正面拍摄：照相机对着被摄物正面拍摄，主体处于画面中心。这种角度易于表现产品的基本特征，如图4-65所示。

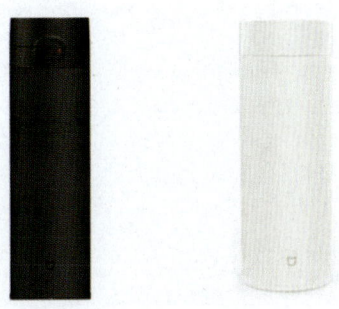

图4-65　正面拍摄保温杯

▼ 背（反）面拍摄：摄像对着被摄物背面拍摄形成的画面。这个拍摄角度可以改变主、陪体的位置，突出陪体与环境，将产品与背景融为一体。

【任务评价】

过程考核评价表						
课程名称	商品信息采集与图片优化	学习任务	如何拍好百货类商品照片			
班级：	姓名：		学号：	指导教师：		
评价项目	评价标准	评价依据	评价方式		得分	总分
^	^	^	小组评价（30%）	教师评价（70%）	^	^
职业素质	1.语言表达能力和逻辑分析能力（10分） 2.具有科学、严谨、创新的工作态度（10分） 3.具有较强的安全生产意识、质量意识、环保意识（10分）	1.教学日志 2.考勤、值日 3.课堂表现记录 4.工作现场表现 5.现场6s管理				
专业知识与技能	1.掌握百货类商品的特点提炼方法（30分） 2.掌握百货类商品拍摄方案的设计方法（40分）	1.能够对保温杯进行商品特点提炼 2.能够设计保温杯的拍摄方案 3.能够根据拍摄方案拍摄出商品图片（需要包含主图，细节图1正、1反、3细节，至少5张）				

任务六　鞋类商品拍摄——拍摄运动鞋

【任务介绍】

鞋类商品属于电商行业的畅销类目，也是行业中最常见的一个品类，拍摄此类商品照片，注意展现商品设计与外观的同时，更要突出商品本身的优势。例如某些运动鞋主打定制、限量，主要针对粉丝消费群体；某些主打舒适与应用场景，针对不同的运动种类。

此任务中，我们将以篮球鞋为例，为大家演示鞋类商品的拍摄技巧。在活动一中，我们将通过竞品分析来理解篮球鞋的产品卖点；在活动二中，实施篮球鞋拍摄方案。

【任务实施】

活动一　运动鞋特点提炼

一、分析用户群以定位拍摄风格

案例篮球鞋的主要消费群体是14～30岁的青少年人群，而这部分年轻人大多数的时间是消耗在互联网上的，所以在产品拍摄风格方面要以年轻、时尚和强科技感的风格进行拍摄。

图4-66　以年轻时尚和强科技感的风格拍摄

综上所述，通过分析用户群，确定以时尚运动的风格拍摄运动鞋产品图片，如图4-66所示。

二、分析市场竞争对手图片以定位拍摄差异化

（一）国潮运动鞋

国潮运动鞋（见图4-67）以实物展示的风格拍摄，品牌优势明显，产品设计上不如案例篮球鞋有特点。

图4-67　国潮球鞋

（二）安踏（见图4-68）

图4-68 安踏球鞋

安踏通过名人效应拉动产品知名度，照片风格侧重名人效应。

综上所述，通过分析竞争对手的图片，确定以展现运动鞋产品及案例品牌影响力，结合案例的球星联名卡为特色，体现拍摄的差异化。

三、分析产品卖点以定位拍摄内容

通过对产品了解，总结出如表4-11所示的产品特色与卖点。

表 4-11　产品特色与卖点

卖点	拍摄内容
前掌大面缓震气垫顺应外底曲线形状，出色贴合双足。即使向篮筐发起快速冲击，也能发挥出色的灵敏缓震效果	拍摄后鞋底特写，展现缓震气垫
多方位抓地表现，外底两侧采用弧形橡胶包边，适合利用横向移动和侧身移动的球员。延伸至前掌两侧的密布纹路让球鞋在极限倾斜时也能拥有同样优秀的抓地性能	拍摄前鞋底，展现抓地力
锁定契合，横向中足绑带牢固锁定双脚，提供更好的稳定性和足弓支撑。助力自如地切入变向，撕破防守	拍摄鞋帮特写，展现固定力

活动二　设计商品拍摄方案

一、制定拍摄方案

在提炼了产品卖点之后，我们可以确定这样的拍摄思路。

（一）外观整体展示

▼ 拍摄鞋子侧面整体外观，使消费者第一眼对产品有整体的了解，如图4-69所示。

（a）　　　　　　　　　　　　（b）

图4-69　运动鞋侧面外观展示图

▼ 拍摄鞋子顶部整体外观，使消费者了解鞋子上方的设计内容，如图4-70所示。

图4-70　运动鞋顶部整体外观

▼ 拍摄鞋子底部整体外观，展现眼的独特设计元素，如图4-71所示。

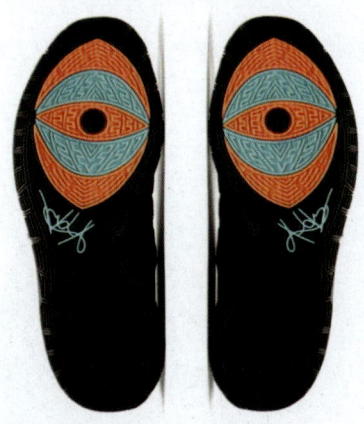

图4-71　运动鞋底部整体外观

（二）产品细节展示

▼ 拍摄鞋底部特征，展现抓地力、缓震效果，如图4-72所示。

图4-72　运动鞋底部细节图

▼ 拍摄鞋帮特写照片，展现鞋子的固定有力，如图4-73所示。

图4-73 运动鞋鞋帮照片

▼ 拍摄鞋面细节照片，展现透气效果，如图4-74所示。

图4-74 运动鞋面细节图

▼ 拍摄"篮球之星"专属标识，展现耐克"篮球之星"的标识，激励你为驶向更浩瀚的未来积蓄力量，如图4-75所示。

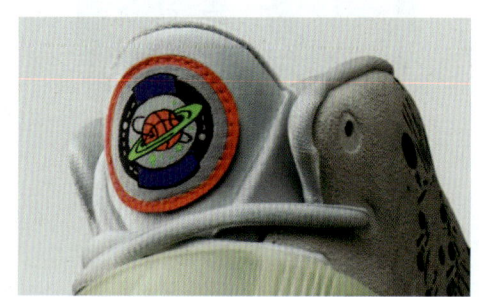

图4-75 耐克"篮球之星"标识

（三）产品及品牌形象展示

▼ 拍摄鞋跟照片，结合产品，详细展示LOGO品牌，如图4-76所示。

图4-76 鞋跟

▼ 拍摄夜光绑带，展现了稳固支撑作用，并把夜光的功能也体现出来。在增添趣味性的同时横向牢固锁定双脚，如图4-77所示。

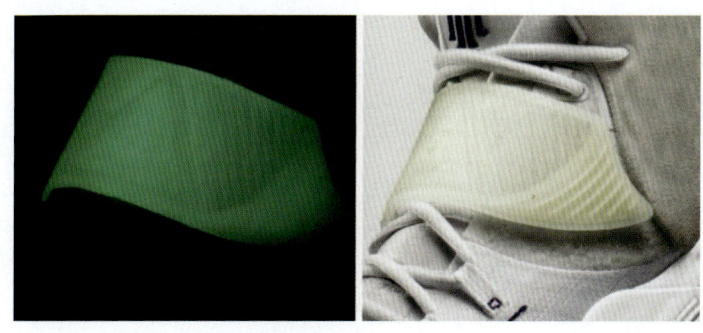

图4-77　运动鞋细节图

（四）使用情景图

▼ 拍摄系鞋带场景，展现产品实际使用效果，如图4-78所示。

图4-78　篮球鞋系鞋带情境图

▼ 拍摄运球场景，体现产品的实战特点，如图4-79所示。

图4-79　穿篮球鞋运球情境图

二、实施耐克篮球鞋拍摄方案

（一）确定拍摄器材与配件

○拍摄器材：数码相机（尼康D5600）、摄像灯、镜物台等。

○配件：篮球、运动服等（可自由选择）。

（二）确定相机参数

根据拍摄环境的光线情况，对光圈、快门、ISO进行如表4-12所示的设置。

表4-12 篮球鞋样张参数详情表

产品样张	建议拍摄参数
	（1）光圈：F/5.6 （2）快门：1/100秒 （3）ISO-200
	（1）光圈：F/5.6 （2）快门：1/125秒 （3）ISO-200
	（1）光圈：F/5.6 （2）快门：1/125秒 （3）ISO-200
	（1）光圈：F/5.6 （2）快门：1/125秒 （3）ISO-200
	（1）光圈：F/9 （2）快门：1/125秒 （3）ISO-200
	（1）光圈：F/9 （2）快门：1/125秒 （3）ISO-200

（三）确定拍摄场景与摆放

篮球鞋的拍摄场景，可以以纯色背景为主，突出产品本身，结合日常休闲拍摄，如图4-80所示。

图4-80　篮球鞋拍摄场景图

（四）确定拍摄光线与布光

图4-81是顺光拍摄，顺光的光线照射方向与相机的拍摄方向基本一致，顺光使被摄物体亮度均匀柔和，也更容易遮挡瑕疵，但与此同时也会缺乏立体感和塑形感。

图4-81　顺光拍摄图

图4-82是顶光侧方拍摄的效果，从侧方拍摄的视角加上顶光的光源运用方式，很好地突出了球鞋的动感。

图4-82　顶光侧方拍摄图

（五）确定拍摄方位与角度

▼ **正面拍摄**：照相机对着篮球鞋正面拍摄，主体处于画面中心。

▼ **侧面拍摄**：照相机对着篮球鞋的侧面拍摄，突出产品的动感。

【任务评价】

过程考核评价表

课程名称	商品信息采集与图片优化	学习任务	如何拍好鞋类商品照片				
班级：		姓名：		学号：		指导教师：	
评价项目	评价标准	评价依据	评价方式		得分	总分
			小组评价（30%）	教师评价（70%）		
职业素质	1.语言表达能力和逻辑分析能力（10分） 2.具有科学、严谨、创新的工作态度（10分） 3.具有较强的安全生产意识、质量意识、环保意识（10分）	1.教学日志 2.考勤、值日 3.课堂表现记录 4.工作现场表现 5.现场6s管理				
专业知识与技能	1.掌握鞋类商品的特点提炼方法（30分） 2.掌握鞋类商品拍摄方案的设计方法（40分）	1.能够对运动鞋进行商品特点提炼 2.能够设计运动鞋的拍摄方案 3.能够根据拍摄方案拍摄出商品图片（需要包含主图，细节图1正、1反、3细节，至少5张）				

任务七　箱包类商品拍摄——拍摄拉杆箱

【任务介绍】

箱包类商品包含的范围比较广泛，小到钱包，大到拉杆箱。虽然看起来体积差别较大，但它们的拍摄方法是相通的，有以下几大方面的内容需要注意：整体外观、拉链锁扣、材质细节、内部细节。

此任务中，我们将以拉杆箱为例，为大家演示箱包类商品的拍摄技巧。在活动一中，我们将通过竞品分析来理解拉杆箱的产品卖点；在活动二中，实施拉杆箱拍摄方案。

【任务实施】

活动一　拉杆箱特点提炼

一、分析用户群以定位拍摄风格

拉杆箱的用户群定位相对明显，主要是商务出差人士和旅游达人居多，学生也是产品的很大受众体。

图4-83　拉杆箱图片

综上所述，通过分析用户群定位，确定以商务风格拍摄旅行箱产品照片（见图4-83）。

二、分析市场竞争对手图以定位拍摄差异化

（一）外交官拉杆箱

外交官拉杆箱（见图4-84），外形设计丰富，此款拉杆箱风格偏向女性化，颜色搭配前卫，视觉冲击力强。

图4-84　外交官拉杆箱

（二）国外品牌拉杆箱

国外品牌拉杆箱款式相对经典，设计感强，偏向旅行达人设计风格。

图4-85　国外品牌拉杆箱

综上所述，通过分析竞争对手的图片，确定以突出商务人士使用的特点来体现拍摄的差异化。

三、分析产品卖点以定位拍摄内容

通过对产品了解，总结出如表4-13所示的产品卖点。

表4-13　产品特色与卖点

卖点	拍摄内容
材质：ABS+PC材质，环保又耐用	拍摄产品参数表，展现环保
风格：主打商务风格+OL风格	拍摄产品应用场景图，展现商务风格
容量：96L与108L2多种选择	拍摄不同尺寸的产品外观对比，展现尺寸

活动二　设计商品拍摄方案

一、制定拍摄方案

在提炼了产品卖点之后，我们可以确定以下拍摄思路。

（1）外观整体展示

对拉杆箱的尺寸、材质、设计造型进行整体展示。

（2）产品细节展示

对拉杆箱的拉链、安全锁、轮等细节进行展示。

（3）产品及品牌形象展示

根据产品的调性和品牌形象，精心布置环境，搭配道具，拍摄情景图。

二、拍摄思路样例

（一）外观（整体）展示图

▼ 拍摄拉杆箱整体外观，使消费者了解产品设计，如图4-86所示。

图4-86　拉杆箱外观展示图

【小贴士】

> 在拍摄时，初学者可以使用顶灯+侧灯的方式进行拍摄，尝试多拍照片；通过对灯光的调整，在拍摄时，初学者可以使用顶灯+侧灯的方式进行拍摄，尝试多拍照片；通过对灯光的调整，达到拍摄的拉杆箱正面部分无阴影为止。

（二）产品（局部）细节图

▼ 拍摄Logo细节图片，展现品牌影响力，如图4-87所示。

图4-87　拉杆箱Logo细节图

▼ 拍摄拉杆细节图片，展现拉杆的质量，如图4-88所示。

图4-88　拉杆细节

▼ 拍摄拉手细节图片，体现人体工学的设计，如图4-89所示。

图4-89 拉手细节图

▼ 打开拉杆箱，拍摄固定带细节图片，展现产品设计细节，如图4-90所示。

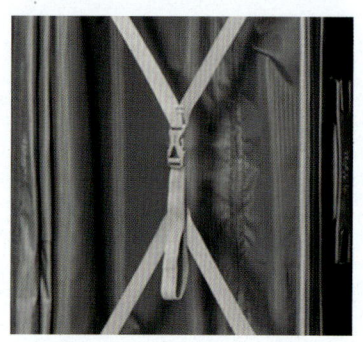

图4-90 固定带细节图

（三）使用情景图

▼ 拍摄办公情景图片，展示商务人士的使用情景，如图4-91所示。

图4-91 拉杆箱使用情境图

▼ 拍摄模特使用拉杆箱的情景图片，展现产品使用情景，消除用户购买前的疑虑，如图4-92所示。

图4-92 拉杆箱使用情境图

三、实施乐事拉杆箱拍摄方案

（一）确定拍摄器材与配件

○拍摄器材：数码相机（尼康D5600）、摄像灯、静物台等。

○配件：笔记本电脑、商务用品、搭建场景所需物品等（可自由选择）。

（二）确定相机参数

根据拍摄环境的光线情况，对光圈、快门、ISO进行如表4-14所示的设置。

表4-14 乐事拉杆箱样张参数详情表

产品样张	建议拍摄参数
	（1）光圈：F/5.6 （2）快门：1/100秒 （3）ISO-200
	（1）光圈：F/5.6 （2）快门：1/125秒 （3）ISO-200
	（1）光圈：F/5.6 （2）快门：1/125秒 （3）ISO-200
	（1）光圈：F/5.6 （2）快门：1/125秒 （3）ISO-200
	（1）光圈：F/9 （2）快门：1/125秒 （3）ISO-200

项目四 典型品类商品拍摄

（三）确定拍摄场景与摆放

拉杆箱的应用场景多为出差路上或办公场所，所以我们可以搭建出差前的情景进行拍摄，如图4-93所示。

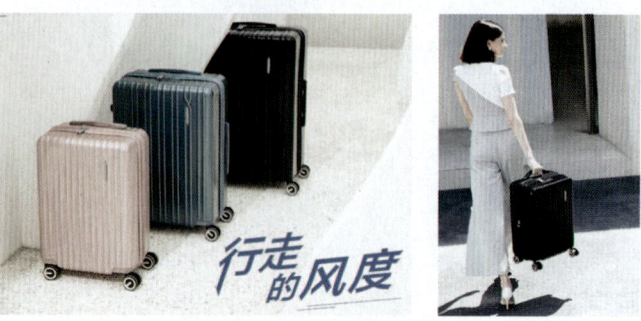

图4-93　拉杆箱环境拍摄

（四）确定拍摄光线与布光

图4-94是顺光拍摄，顺光的光线照射方向与相机的拍摄方向基本一致，在画面构成上没有明显的明暗关系。顺光使被摄物体亮度均匀柔和，也更容易遮挡瑕疵。

图4-94　顺光拍摄图

【小贴士】

> 顺光拍摄时，容易将物品拍摄得较为平面，缺乏立体感。

图4-95是顶光正前方拍摄的效果，从正前方拍摄的视角加上顶光的光源运用方式，很好地突出了拉杆箱的品质感。

图4-95　顶光正前方拍摄图

（五）确定拍摄方位与角度

▼ 正面拍摄：照相机对着被摄物正面拍摄，主体处于画面中心，如图4-96所示。

图4-96　正面拍摄图片

▼ 顶摄：照相机垂直向下拍摄所构成的画面，能表现物体顶部的全部线条和轮廓，如图4-97所示。

图4-97　顶摄图片

【任务评价】

过程考核评价表						
课程名称	商品信息采集与图片优化	**学习任务**	如何拍好箱包类商品照片			
班级：	**姓名：**		**学号：**	**指导教师：**		
评价项目	评价标准	评价依据	评价方式		得分	总分
			小组评价（30%）	教师评价（70%）		
职业素质	1.语言表达能力和逻辑分析能力（10分） 2.具有科学、严谨、创新的工作态度（10分） 3.具有较强的安全生产意识、质量意识、环保意识（10分）	1.教学日志 2.考勤、值日 3.课堂表现记录 4.工作现场表现 5.现场6s管理				
专业知识与技能	1.掌握箱包类商品的特点提炼方法（30分） 2.掌握箱包类商品拍摄方案的设计方法（40分）	1.能够对拉杆箱进行商品特点提炼 2.能够设计拉杆箱的拍摄方案 3.能够根据拍摄方案拍摄出商品图片（需要包含主图，细节图1正、1反、3细节，至少5张）				

任务八　珠宝首饰类商品拍摄——拍摄故宫文创手链

【任务介绍】

随着电商行业的不断发展，珠宝首饰品类也逐渐通过电商平台进入我们的生活，很多行业的公司、个人都会选择在网络上销售珠宝首饰。拍摄此类商品时，通过对产品质感的表达，对产品方案设计的阐述，以表达出此品类商品的特点。

此任务中，我们将以故宫文创的手链产品为例，为大家演示珠宝首饰类商品的拍摄技巧。在活动一中，我们将通过竞品分析来理解故宫文创手链的产品卖点；在活动二中，实施故宫文创手链拍摄方案。

【任务实施】

活动一　手链特点提炼

一、分析用户群以定位拍摄风格

故宫文创手链是一款由卡蒂罗公司以故宫文化为设计元素的一款首饰，产品的核心用户群体为25~35岁的年轻消费者，包括了男性和女性。

图4-98　手链

综上所述，通过分析用户群，确定以宫廷文化风格拍摄手链产品图片，如图4-98所示。

二、分析市场竞争对手图片以定位拍摄差异化

（一）永恒爱意手链（见图4-99）

主打水晶饰品，核心竞争力不足，与故宫相比，缺少内涵文化元素。

图4-99　爱意手链

（二）潘多拉天之星际手链

潘多拉手链图片（见图4-100），缺少针对产品的细节介绍，但设计感强。

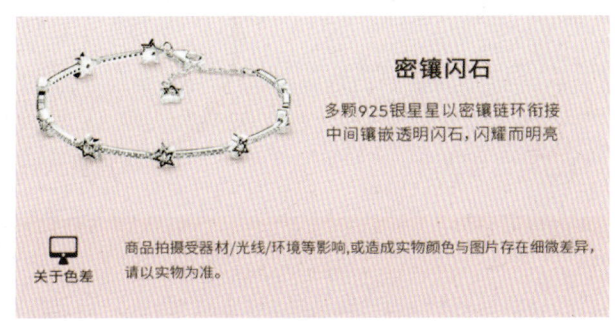

图4-100　潘多拉天之星际手链

综上所述，通过分析竞争对手的图片，确定以展现宫廷文化、产品寓意为主，来体现拍摄的差异化。

三、分析产品卖点以定位拍摄内容

通过对产品的了解，总结出如表4-15所示的产品特色与卖点。

表 4-15　产品特色与卖点

卖点	拍摄内容
宫廷文化，百年故宫，历久弥新，包容万千的皇家设计，卡蒂罗解构古典宫廷美学，贯通古今，融汇中西，凭借新潮的设计理念为威严冰冷的紫禁城倾注年轻与活力，在日常饰品中大放异彩	拍摄产品中的故宫元素
感温变色，随着温度的变化，颜色也在变化	拍摄变温前后对比图
御猫——鲁班，异国短毛猫（咖啡猫），鲁班猫萌态可掬，是一只有文化底蕴的小猫	拍摄小猫细节图片

活动二　设计商品拍摄方案

一、制定拍摄方案

在提炼了产品卖点之后，我们可以确定这样的拍摄思路。

（一）外观整体展示

拍摄手链正面图片（见图4-101），使消费者第一眼对产品有整体的了解。

（a） （b）

图4-101 手链外观展示图

（二）产品（局部）细节图

▼ 拍摄手链上猫咪正面图片（见图4-102），展现宫廷猫咪的设计细节。

图4-102 手链上"猫咪"正面图

▼ 拍摄"肃"特写，体现"御猫驾到、肃静回避"的设计元素，如图4-103所示。

图4-103 手链"肃"的特写

▼ 拍摄手链钢印细节与延长链图片，体现产品细节，如图4-104所示。

 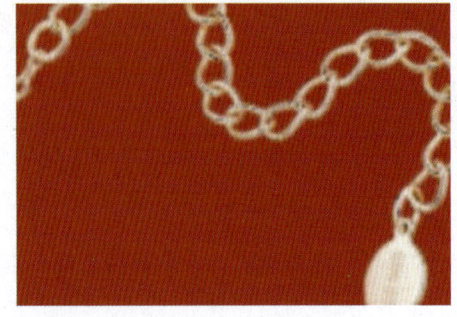

图4-104 手链钢印细节图

（三）使用情景图

▼ 拍摄手链佩戴实景图片，体现产品实际效果，如图4-105和图4-106所示。

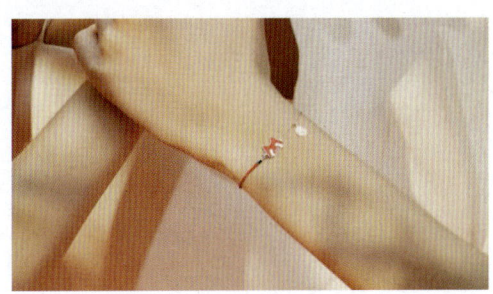

图4-105　手链使用情景图

图4-106　手链使用情景图

二、设计与实施手链拍摄方案

（一）确定拍摄器材与配件

○拍摄器材：数码相机（尼康D5600）、摄像灯、静物台等。

○配件：背景布、植物等（可自由选择）。

（二）确定相机参数

根据拍摄环境的光线情况，对光圈、快门、ISO进行如表4-16所示的设置。

表4-16　乐事手链样张参数详情表

产品样张	建议拍摄参数
	（1）光圈：F/5.6 （2）快门：1/100秒 （3）ISO-200
	（1）光圈：F/5.6 （2）快门：1/125秒 （3）ISO-200
	（1）光圈：F/5.6 （2）快门：1/125秒 （3）ISO-200

续表

产品样张	建议拍摄参数
	（1）光圈：F/5.6 （2）快门：1/125秒 （3）ISO-200
	（1）光圈：F/9 （2）快门：1/125秒 （3）ISO-200
	（1）光圈：F/9 （2）快门：1/125秒 （3）ISO-200

（三）确定拍摄场景与摆放

根据实际的应用场景与产品特点搭建场景，完成拍摄，如图4-107所示。

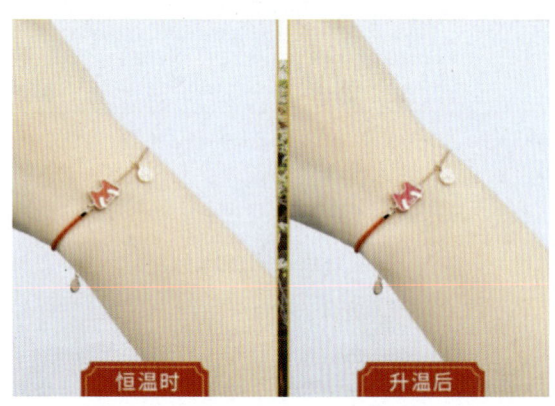

（a）展现产品的感温变化特点

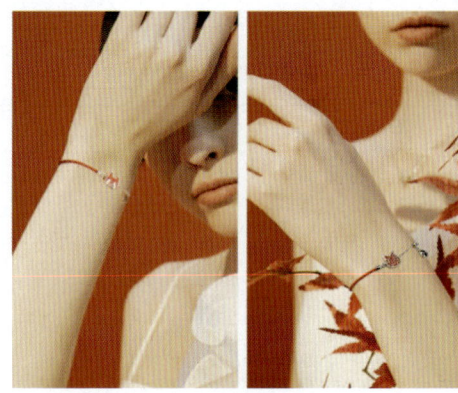

（b）以宫廷围墙红色为背景拍摄

图4-107　手链环境拍摄

（四）确定拍摄光线与布光

▼图4-108是顺光拍摄，顺光的光线照射方向与相机的拍摄方向基本一致，阴影遮挡在物体后面，在画面构成上没有明显的明暗关系。

图4-108 顺光拍摄图

▼ 图4-109是顶光上方拍摄的,从上方拍摄的视角加上顶光的光源运用方式,很好地突出了手链的一种视觉美感。

图4-109 顶光侧方拍摄图

(五)确定拍摄方位与角度

▼ 正面拍摄:照相机对着被摄物正面拍摄,主体处于画面中心,如图4-110所示。

图4-110 正面拍摄图

▼ 顶摄:照相机垂直向下拍摄所构成的画面,如图4-111所示。

图4-111 顶摄图

【任务评价】

过程考核评价表						
课程名称	商品信息采集与图片优化	学习任务	如何拍好珠宝首饰商品照片			
班级：	姓名：	学号：	指导教师：			
评价项目	评价标准	评价依据	评价方式		得分	总分
			小组评价（30%）	教师评价（70%）		
职业素质	1.语言表达能力和逻辑分析能力（10分） 2.具有科学、严谨、创新的工作态度（10分） 3.具有较强的安全生产意识、质量意识、环保意识（10分）	1.教学日志 2.考勤、值日 3.课堂表现记录 4.工作现场表现 5.现场6s管理				
专业知识与技能	1.掌握珠宝首饰类商品的特点提炼方法（30分） 2.掌握珠宝首饰类商品拍摄方案的设计方法（40分）	1.能够对手链进行商品特点提炼 2.能够设计手链的拍摄方案 3.能够根据拍摄方案拍摄出商品图片（需要包含主图，细节图1正、1反、3细节，至少5张）				

项目五

商品图片处理

【项目简介】

　　商品采编流程中,调整和优化拍摄好的商品照片是极为重要的一步,好的商品图片本身就是一张促销广告。图片的精美得体,能恰当地体现产品的整体和细节,直接影响消费者对商品的第一印象,也在很大程度上决定了消费者是否会点击打开商品详情页,这是商家引流的重要步骤。在项目五中,我们将学习调整图片基本形态、修复图片和编辑图片信息,美化图片以及批处理图片的技能。

【项目目标】

- 掌握调整商品图片基本形态的方法;
- 掌握修复商品图片的方法;
- 掌握复杂调整商品图片的方法;
- 掌握批处理图片的方法。

【思政目标】

- 在图片处理过程中建立以"自主、探究、合作、创新"为特征的学习方式,不过度美化,不虚假描述,树立诚信意识与责任心。
- 认真对待工作细节,体会严谨、细致的工匠精神。
- 明确网店商品的市场定位与推广策略,在满足客户需求的产品(服务)过程中,为店铺赢得更多的利润,实现店铺的盈利目标。

任务一　调整商品图片

【任务介绍】

商品照片的后期处理是店铺上架商品前的必要工作，需要根据不同的店铺设计和商品特点要求进行调整。在本任务中，我们将学习图片处理的基本方法。通过活动一，学习图片的旋转与裁切；通过活动二，学习图片尺寸的修改；通过活动三，学习图片曝光度的调整方法；通过活动四，学习照片饱和度的调整方法；通过活动五，学习图片清晰度的调整方法。

【任务实施】

活动一　调整图片的角度

第一步，打开Photoshop软件，执行"文件"→"打开"菜单命令，打开需要调整的图片，可以看到该商品图片明显倾斜，如图5-1所示。

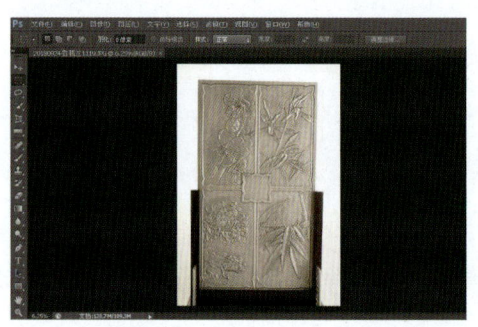

图5-1　打开商品图片

第二步，执行"视图"→"新建参考线"命令，如图5-2和图5-3所示，新建一条如图5-4所示的水平参考线。

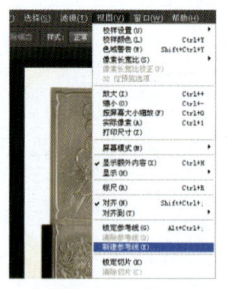

图5-2　新建参考线

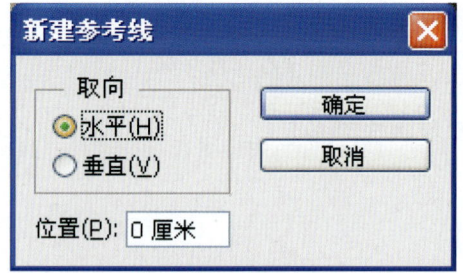

图5-3　设置参考线

图5-4　水平参考线

第三步，点击移动工具，移动鼠标把参考线移动至商品顶端的位置，如图5-5所示。

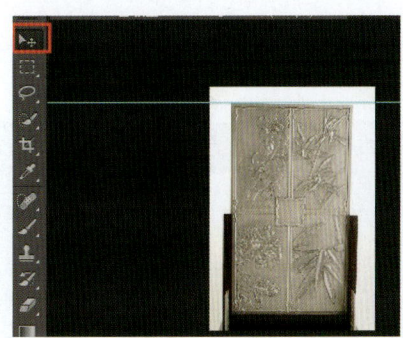

图5-5　调整参考线

第四步，点击标尺工具，沿着商品最上端，在商品上端从左至右画出一条线段，如图5-6所示。

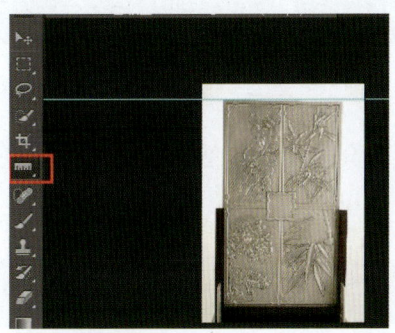

图5-6　标尺工具

第五步，点击"拉伸图层"，如图5-7所示拍歪的商品图片就会变得端正了，如图5-8所示。

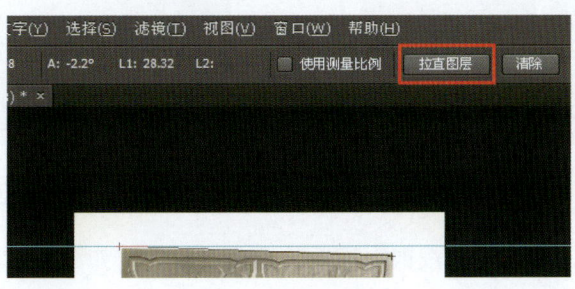

图5-7　拉伸图层

图5-8　调整完成

活动二　图片的裁剪

第一步，打开Photoshop软件，执行"文件"→"打开"菜单命令，打开需要裁剪的图片，如图5-9所示。

图5-9　打开图片

第二步，点击"裁剪工具"，图片上会出现裁剪调整线，如图5-10所示。移动调整线，就可以对图片进行自由裁剪，如图5-11所示。

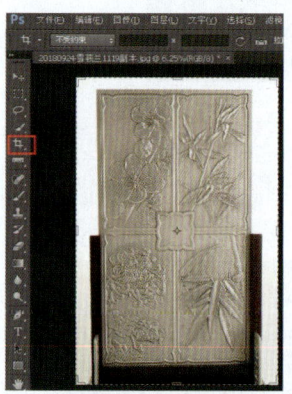 

图5-10　裁剪工具　　　　　　图5-11　自由裁剪

第三步，勾选"删除裁剪的像素"，裁剪完成后，点击"√"，如图5-12所示。完成裁剪后的图片如图5-13所示。

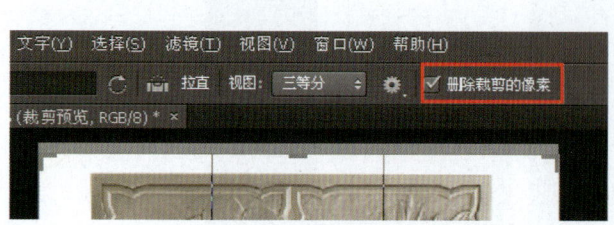 

图5-12　勾选"删除裁剪的像素"　　　　图5-13　裁剪完成

活动三　调整图片大小

第一步，点击"文件"→"打开"，打开想要调整的图片，如图5-14所示。

图5-14　打开图片

第二步，执行"图像"→"图像大小"菜单命令，如图5-15所示。

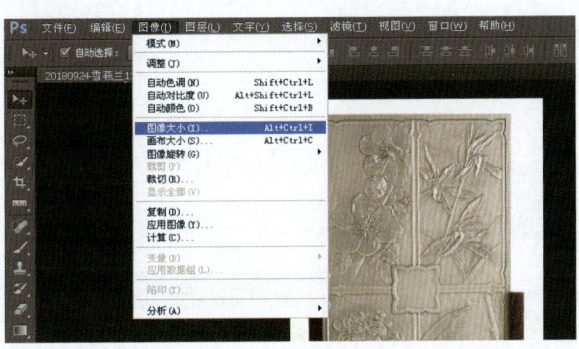

图5-15　调整图像大小

第三步，在弹出的图像大小参数设置框中，输入图像大小的参数值5271*7960，点击"确认"按钮，如图5-16所示，就可以得到调整后的图像，如图5-17所示。

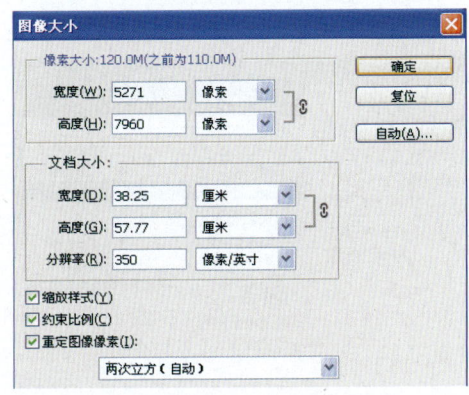 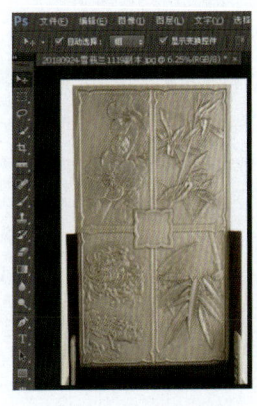

图5-16　图像大小参数设置　　　　图5-17　调整完成

活动四　调整图片曝光度

一、曝光不足照片的调整

第一步，执行"文件"→"打开"菜单命令，打开想要调整的图片，如图5-18所示。

图5-18　打开图像

第二步，在图层区，用鼠标右键点击当前图层，选择"复制图层"，如图5-19所示，复制一个新的图层，如图5-20所示。

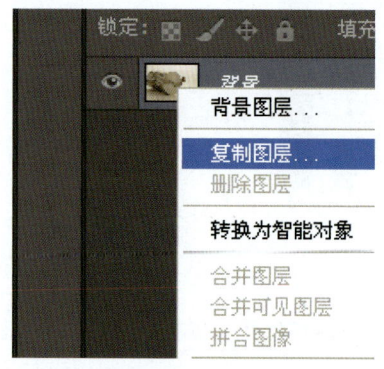

图5-19　复制图层

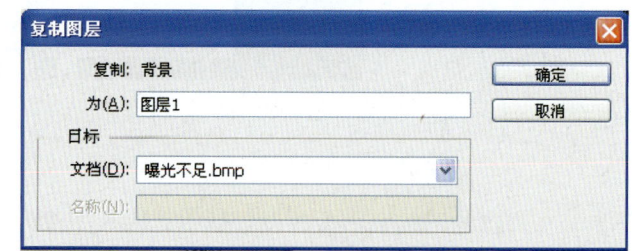

图5-20　设置图层信息

第三步，执行"图像"→"调整"→"曝光度"菜单命令，打开曝光度选项，如图5-21所示。

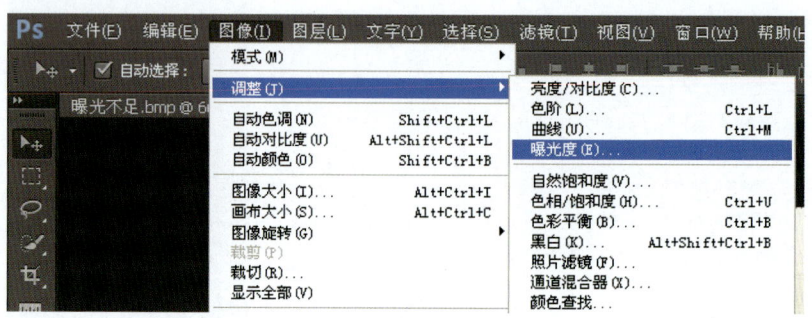

图5-21　打开曝光度选项

第四步，鼠标拖动曝光度参数轴，增加图片的曝光度为+0.6，如图5-22所示，使图片变得明亮。调整完曝光度的图片如图5-23所示。

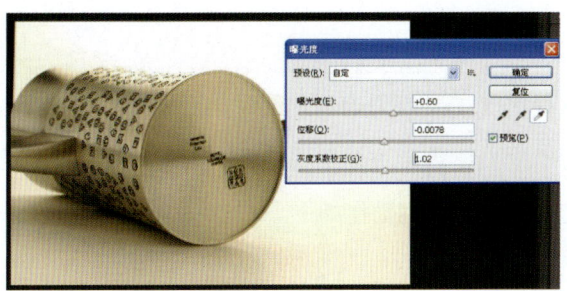
图5-22 调整曝光度

图5-23 调整完成

二、曝光过度照片的调整

第一步，执行"文件"→"打开"菜单命令，打开需要调整的图片，如图5-24所示。

图5-24 打开商品图片

第二步，执行"图像"→"调整"→"曝光度"菜单命令，如图5-25所示。

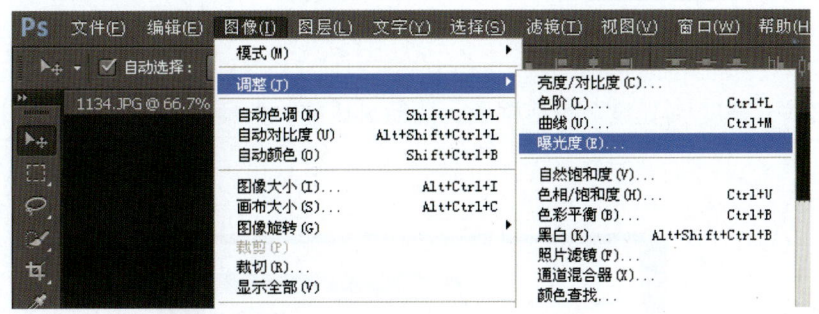
图5-25 打开曝光度选项

第三步，鼠标拖动曝光度参数轴，降低图片的曝光度为–0.39（见图5-26），使图片光线变暗，最终完成后的效果如图5-27所示。

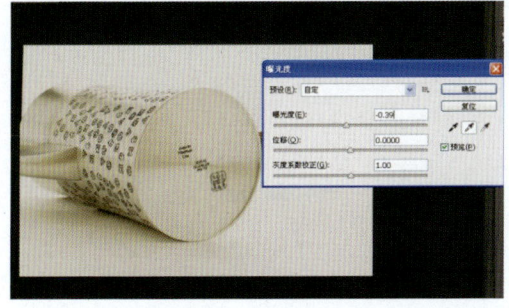
图5-26 调整曝光度

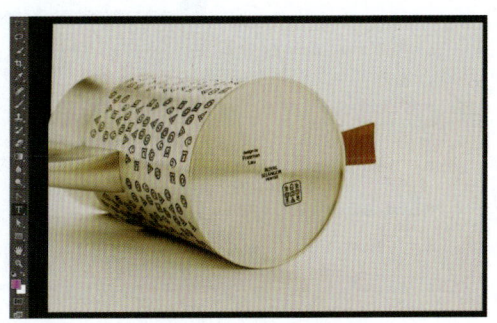
图5-27 调整完成

项目五 商品图片处理 | 133

活动五　调整图片饱和度

常常有一些拍摄后的商品样张看起来灰蒙蒙的，这种情况主要是因为图片的对比度太小。对比度对视觉效果的影响非常关键，一般来说，对比度越大，图像越清晰醒目，色彩也越鲜明艳丽；而对比度小，则会让整个画面都灰蒙蒙的。针对此类图片我们就需要调整图片的对比度。具体操作如下。

第一步，打开想要调整的图片，如图5-28所示。

图5-28　打开商品图片

第二步，执行"图像"→"调整"→"自然饱和度"菜单命令，打开对比度选项，如图5-29所示。

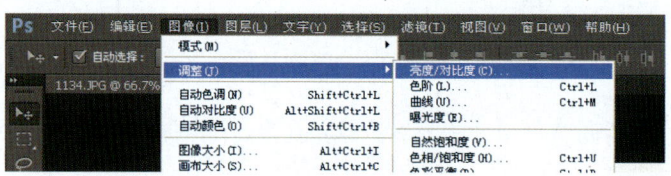

图5-29　打开对比度选项

第三步，在弹出的"亮度/对比度"对话框中，拖动对比度参数轴，调整图片的对比度为76，如图5-30所示。

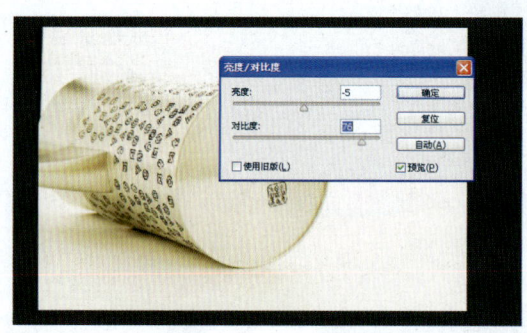

图5-30　调整对比度

活动六　调整图片清晰度

第一步，按<Ctrl>+<J>快捷键复制图层，如图5-31所示。

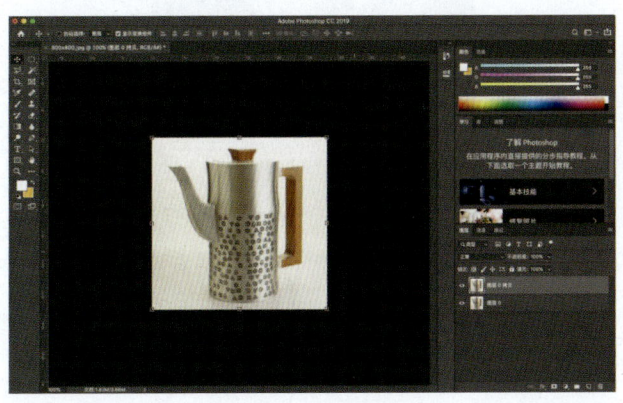

图5-31　复制图层

第二步，选中新图层，执行"滤镜"→"其它"→"高反差保留"菜单命令，如图5-32所示。将半径设置为103.1像素，调整到可以看清茶壶为止，如图5-33所示。

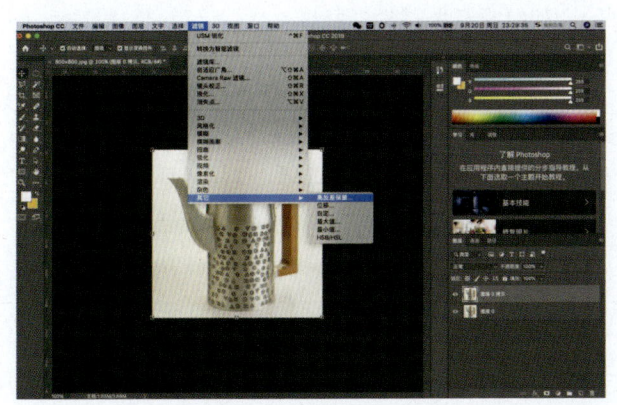

图5-32　执行"高反差保留"命令

图5-33　半径设置

第三步，执行"滤镜"→"锐化"→"USM锐化"菜单命令，如图5-34所示。

图5-34　执行"USM锐化"命令

项目五　商品图片处理 | 135

第四步，设置如图中的参数，可以看清图片细节，完成图片清晰度调整，如图5-35所示。

图5-35　完成图片清晰度调整

【任务评价】

过程考核评价表						
课程名称	商品信息采集与图片优化	学习任务	如何调整商品图片			
班级：	姓名：		学号：	指导教师：		
评价项目	评价标准	评价依据	评价方式		得分	总分
^	^	^	小组评价（30%）	教师评价（70%）	^	^
职业素质	1.语言表达能力和逻辑分析能力（10分） 2.具有科学、严谨、创新的工作态度（10分） 3.具有较强的安全生产意识、质量意识、环保意识（10分）	1.教学日志 2.考勤、值日 3.课堂表现记录 4.工作现场表现 5.现场6s管理				
专业知识与技能	掌握调整图片角度、裁剪、调整大小、调整饱和度、清晰度的技巧（70分）	1.能够对图片进行角度的调整 2.能够对图片进行大小的调整 3.能够对图片进行曝光度、饱和度、清晰度的调整				

任务二　修复商品图片

【任务介绍】

在商品采编的过程中，经常遇到曝光不当、偏色、瑕疵等问题，这些问题都可以通过后期的图片优化来解决。在本任务中，通过活动一，学习修复照片瑕疵方法；通过活动二，学习修复照片色彩的方法。

【任务实施】

活动一　修复图片瑕疵

通常情况下，一些照片在拍摄完成后才发现存在些许瑕疵，例如商品包装上的灰尘、影子等，都会影响整幅图片的美观。这种小瑕疵都可以通过后期的精修处理掉，对于这类照片，修复的操作步骤如下。

方法一，通过污点修复画笔工具

第一步，执行"文件"→"打开"菜单命令，打开想要调整的图片，如图5-36所示，我们可以看到图片中存在明显的瑕疵（红色圈出来的部分），如图5-37所示。

图5-36　打开图像

图5-37　图像瑕疵

第二步，执行"污点修复画笔工具"，使用"污点修复画笔工具"（见图5-38）在污点瑕疵处擦除，如图5-39所示，这样污点就被擦除掉了，效果如图5-40所示。

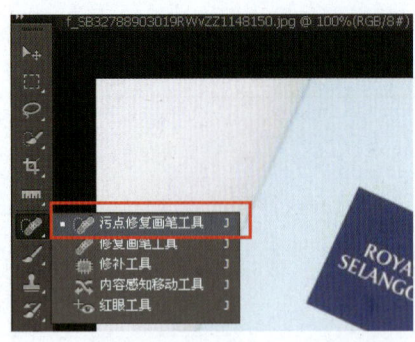
图5-38 污点修复工具

图5-39 使用污点修复工具擦除

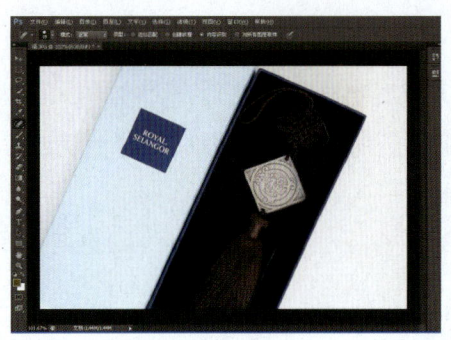
图5-40 修复完成

方法二，通过内容识别工具

第一步，执行"文件"→"打开"菜单命令，打开想要调整的图片，如图5-41所示，我们可以看到图片中存在明显的瑕疵（红色圈出来的部分），如图5-42所示。

图5-41 打开图像

图5-42 图像瑕疵

第二步，使用矩形选框工具，选中瑕疵点，用右键单击选区，选择"填充"，如图5-43所示。

图5-43　选择"填充"命令

第三步，在"内容"选择"内容识别"，点击"确定"按钮即可修复，如图5-44所示。

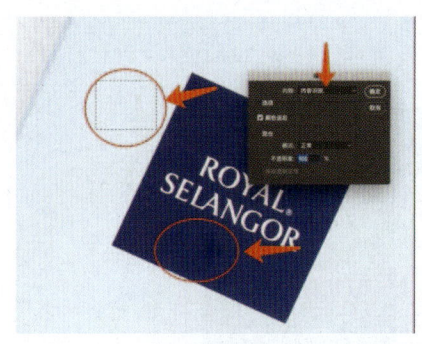 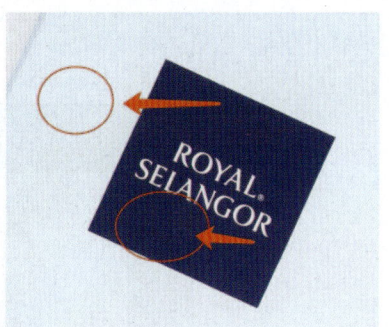

　　　　修复前　　　　　　　　　　　　　修复后

图5-44　修复前后效果对比

活动二　修复图片色彩

一、自动颜色

1.打开需要处理的图片，如图5-45所示。

图5-45　打开图像

项目五　商品图片处理

2.执行"图像→自动颜色"菜单命令。自动颜色调整后,图像的整体色调更加柔和自然,如图5-46所示。

图5-46　颜色调整

二、调整"曲线"

1.打开需要处理的图片,如图5-47所示。

图5-47　打开图像

2.执行"图像"→"调整"→"曲线"菜单命令,通过调整曲线来对图片进行明暗调节,如图5-48所示。

图5-48　调节明暗

三、调整"色彩平衡"

1.打开需要处理的图片,如图5-49所示。

图5-49　打开图像

2.执行"图像"→"调整"→"色彩平衡"菜单命令,通过调整色阶的值来对图片进行色彩调节,如图5-50所示。

图5-50　调整色彩平衡

四、调整"色阶"

1.打开需要处理的图片,如图5-51所示。

图5-51　打开图像

2.执行"图像"→"色阶"菜单命令,通过调整色阶选项来对图片进行色彩调节,如图5-52所示。

图5-52　调整色阶

【任务评价】

过程考核评价表						
课程名称	商品信息采集与图片优化		学习任务	如何修复商品图片		
班级：		姓名：	学号：	指导教师：		
评价项目	评价标准	评价依据	评价方式		得分	总分
			小组评价（30%）	教师评价（70%）		
职业素质	1.语言表达能力和逻辑分析能力（10分） 2.具有科学、严谨、创新的工作态度（10分） 3.具有较强的安全生产意识、质量意识、环保意识（10分）	1.教学日志 2.考勤、值日 3.课堂表现记录 4.工作现场表现 5.现场6s管理				
专业知识与技能	1.掌握修复图片瑕疵的技能（35分） 2.掌握修复照片色彩的技能（35分）	1.能够对有瑕疵的图片进行修复 2.能够对色彩失调的照片进行修复				

任务三　改变图片视觉效果

【任务介绍】

随着电商平台的迅速发展，产品图片也成了商家宣传推广的重要"武器"，如何为商品添加合适的视觉特效，以满足商家的产品宣传与销售，并可以有效地避免商品图片信息被盗用呢？带着这两个问题，我们将通过以下两个活动学习添加视觉特效和添加商品Logo。

本任务，我们将通过活动一，学习改变商品图片的视觉效果；通过活动二，学习为图片添加水印的方法。

【任务实施】

活动一　添加视觉特效

一、改变图背景

通过相机拍摄后的照片，包含了各种不同的背景，当我们需要把拍摄好的商品主体放到其他的位置使用时，需要单独使用商品图片，这时需要把照片背景替换成透明颜色。

使用"钢笔工具"抠图的操作步骤如下。

1.抠图

抠图是指通过图片处理软件，把拍摄好的商品图片的背景抠除，保留商品主体的流程。

第一步，执行"文件"→"打开"菜单命令，打开需要抠图的照片，如图5-53所示。

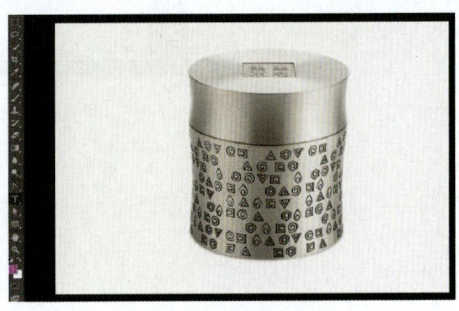

图5-53　打开图像

第二步，右键点击背景图层，点击"复制图层"，复制一个新图层，如图5-54所示。

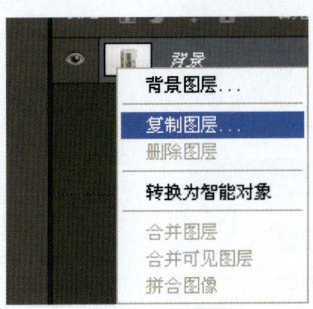

图5-54　复制图层

项目五　商品图片处理 | 143

第三步，使用"钢笔工具"对商品部分进行描点，如图5-55所示。

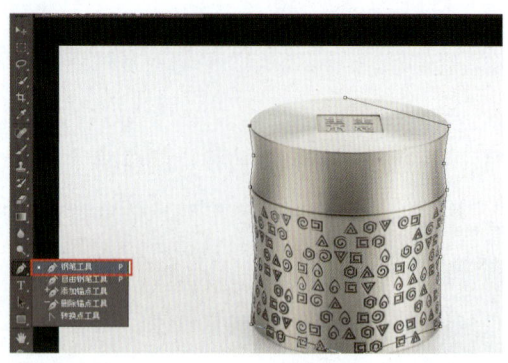

图5-55　钢笔描点

第四步，钢笔描点闭合之后，点击"转换点工具"，调整描点的弧度（见图5-56），使选择区域更贴合商品，如图5-57所示。

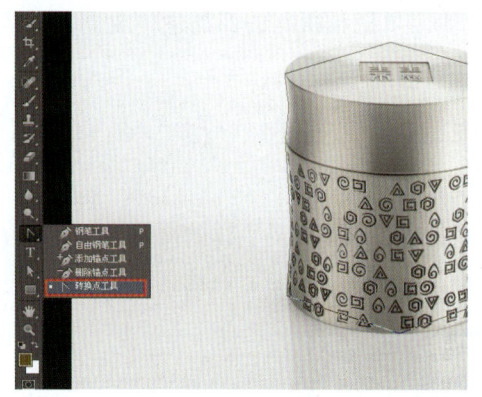

图5-56　转换点工具

图5-57　调整图像选择

第五步，执行"路径"，用右键点击"工作路径"（见图5-58），选择"建立选区"，设置选区羽化半径为2，点击"确定"按钮，如图5-59所示。

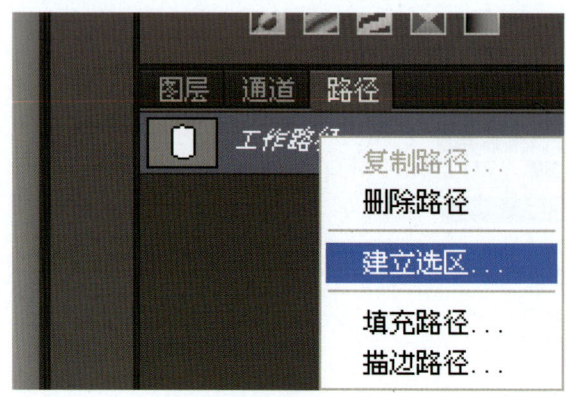

图5-58　建立选区

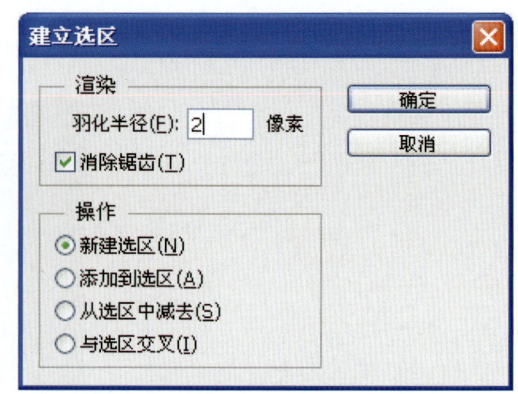

图5-59　设置选区

第六步，执行"选择"→"反向"菜单命令，如图5-60所示，这时就可以把商品的背景部分选择出来。

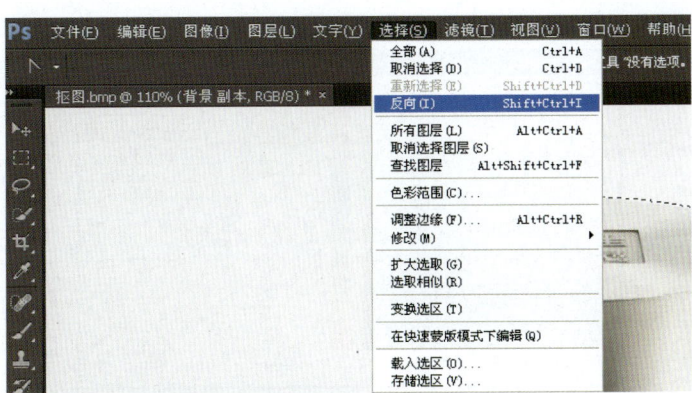

图5-60　反向选择

反向选择后（见图5-61），按<Delete>键删除多余的部分，商品图就抠出来了，如图5-62所示。

图5-61　删除多余背景

图5-62　选择完成

2.背景替换

在商品图抠出来后，常常需要为产品替换一个更加合适的背景图。例如，在上述抠图操作后，我们为商品更换一个背景。

更换背景的具体操作步骤如下。

第一步，执行"图层"→"新建"→"图层"菜单命令，新建一个背景图层，如图5-63所示。

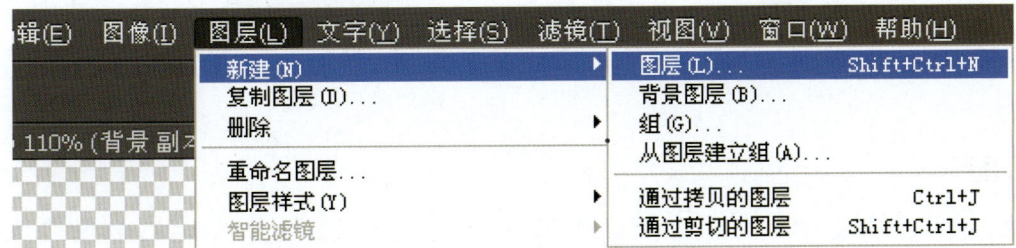

图5-63　新建图层

项目五　商品图片处理 | 145

设置新图层的前景色，前景色的RGB值分别为R:195、G:246、B:39，如图5-64所示。

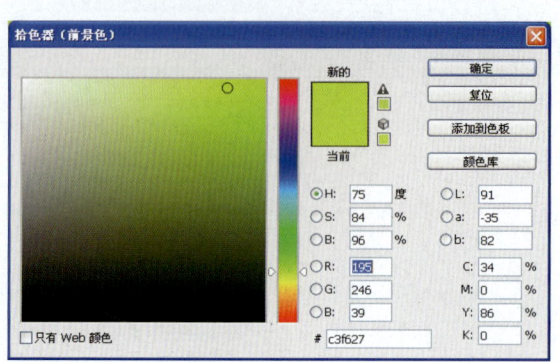

图5-64　设置图层颜色

使用"渐变工具"（见图5-65）在新图层画布上为新背景图层上色，如图5-66所示。

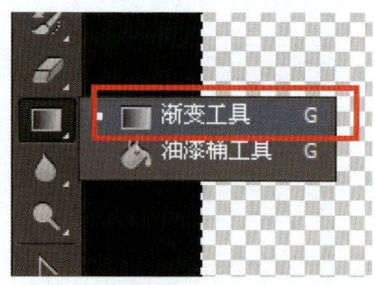

图5-65　渐变工具

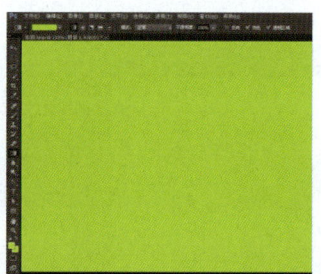

图5-66　设置前景色

第二步，把抠出来的商品图层与新建的背景层重合，这样就给商品换了一个新的背景，如图5-67所示。

图5-67　调整图层

二、倒影添加

当需要突出商品质感的时候，在去除商品杂乱的背景后，我们还需要为商品图片添加倒影，来提升商品图片的高级感。

第一步，执行"图层"→"新建"→"图层"菜单命令，新建一个背景图层，设置背景图层的前景色为白色，大小为800像素*800像素，如图5-68所示。

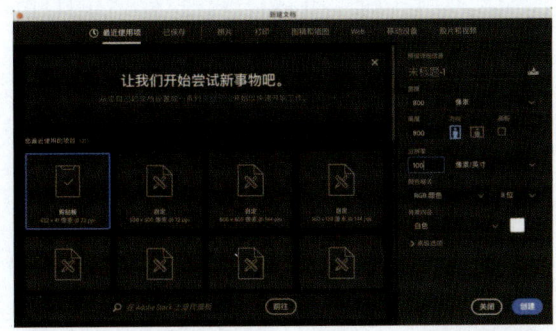

图5-68 新建图层

使用"渐变工具"把新建的图层变成白色,R:247、G:248、B:243,如图5-69~图5-71所示。

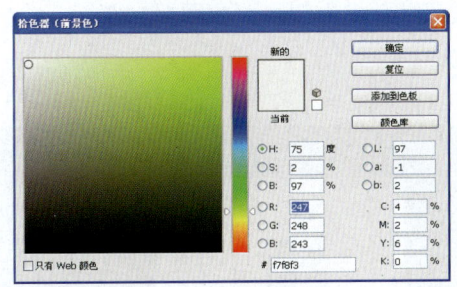

图5-69 设置图层颜色

图5-70 使用"渐变工具"

图5-71 设置图层颜色为白色

第二步,把扣好图的商品素材添加到背景上,如图5-72所示。

图5-72 把商品素材添加到背景上

第三步，复制一个商品素材图层，使用<Ctrl>+<T>组合键进行图形的自由变换，调整新素材的角度，使其倒置，如图5-73所示。

图5-73　复制商品素材图层，自由变换

调整其不透明度为30%，如图5-74所示，使其与背景图融合成为倒影，如图5-75所示。

图5-74　设置不透明度　　　　　　　　图5-75　设置倒影

第四步，调整透明图层位置，完成倒影制作，如图5-76所示。

图5-76　倒影完成

三、人像精修技巧

第一步，用Photoshop打开我们要处理的一张人物照片，如图5-77所示，人物照片所在图层为"图层1"。

图5-77 打开图片

第二步，使用<Ctrl>+<J>快捷键复制图层1，如图5-78所示。

图5-78 复制图层1

第三步，点击工具栏中的"污点修复画笔工具"（见图5-79），对脸部皮肤进行简单的涂抹处理，主要是处理掉非常明显的痘痘和雀斑，如图5-80所示。

图5-79 使用"污点修复画笔工具"

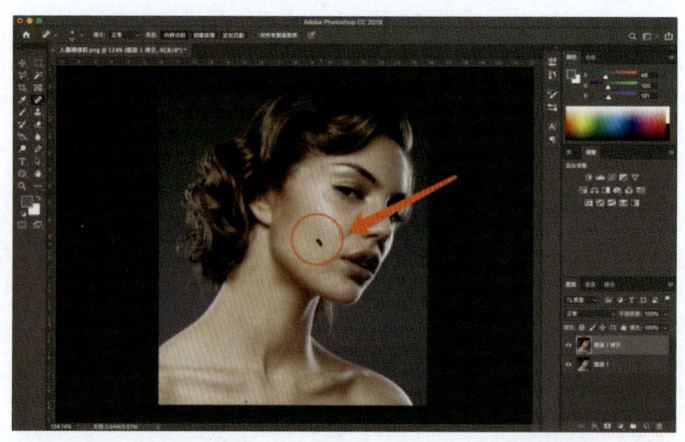

图5-80 处理脸部痘痘和雀斑

第四步,处理完成后,人像图像美化完成,如图5-81所示。

优化前

优化后

图5-81 优化前后效果对比

活动二 为图片添加水印和边框

一、添加水印

第一步,执行"文件"→"新建"菜单命令,新建一个画布,画布大小为335像素*475像素,如图5-82所示。

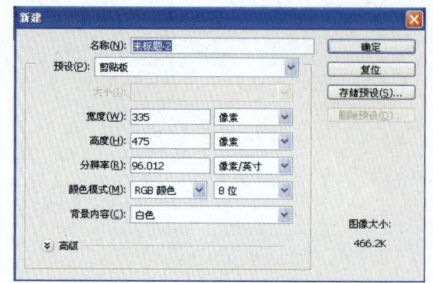

图5-82 新建画布

第二步，点击"横排文字工具"，在画布上输入自己想要的水印文字。调整文字的字体为幼圆，大小为44.54，颜色为R:29、G:201、B:74，角度为向左偏转45度，如图5-83～图5-85所示。

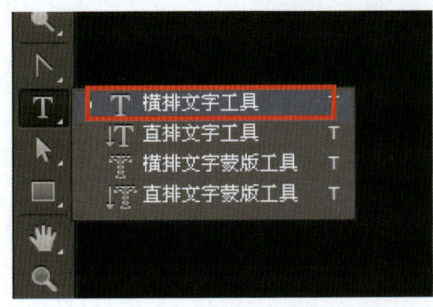

图5-83 文字工具

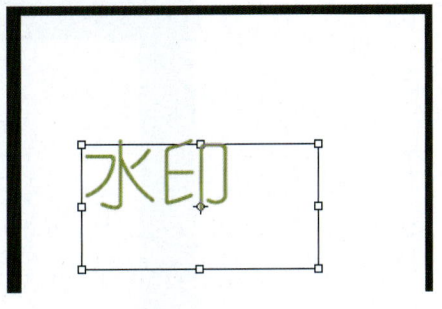

图5-84 设置水印文字

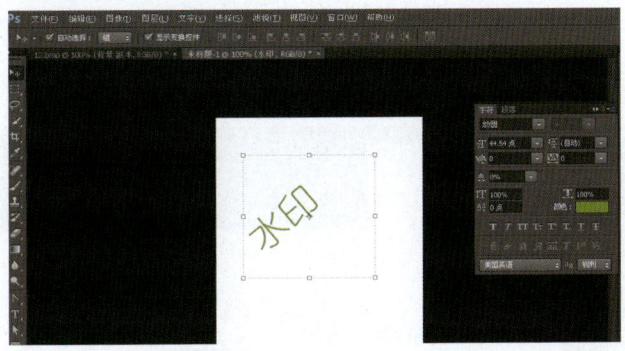

图5-85 调整水印文字

第三步，执行"编辑"→"定义图案"菜单命令，保存水印图片，如图5-86和图5-87所示。

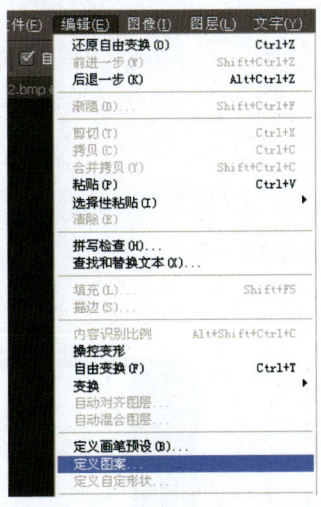

图5-86 定义图案

图5-87 保存图案名称

第四步，执行"文件"→"打开"菜单命令，打开需要添加水印的图片，如图5-88所示。

图5-88　打开需要添加水印的图片

第五步，执行"编辑"→"填充"菜单命令，如图5-89所示。

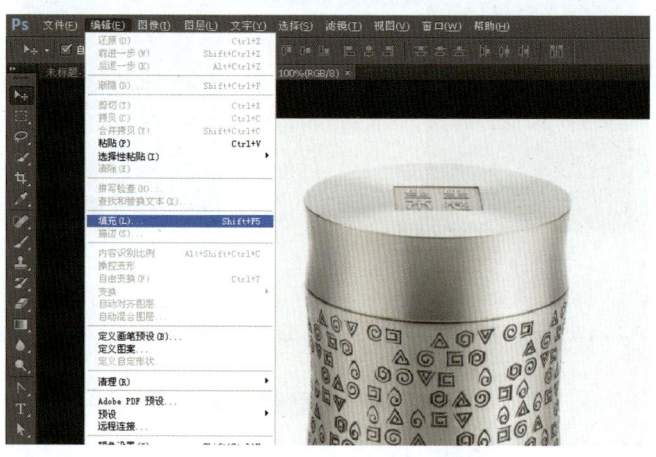

图5-89　打开"填充"选项

在填充内容处，选择"使用图案"，在自定义图案中，选择刚才保存好的水印图片，点击"确定"按钮，就可以为商品图片添加水印了，如图5-90和图5-91所示。

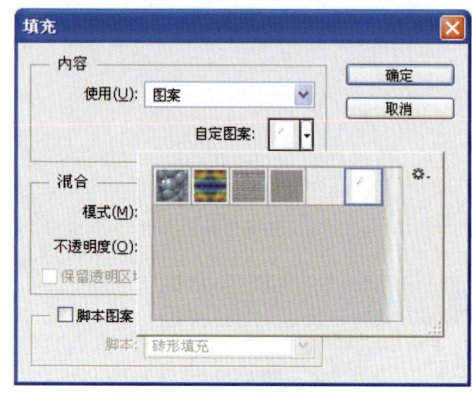

图5-90　设置填充图案

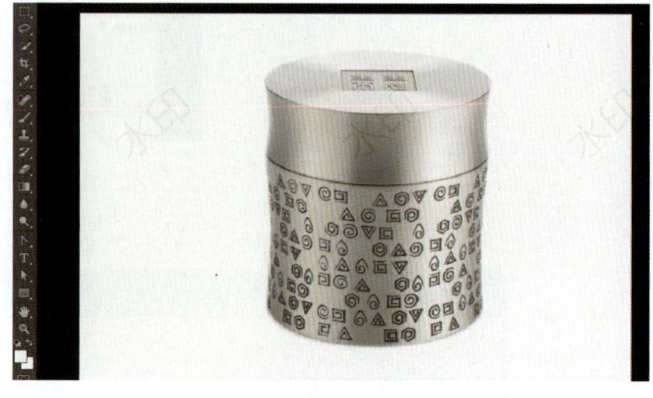

图5-91　水印设置完成

二、添加边框

第一步，打开想要编辑的图片，右键单击"图层"，执行"复制图层"，如图5-92和图5-93所示。

图5-92　打开要编辑的图片

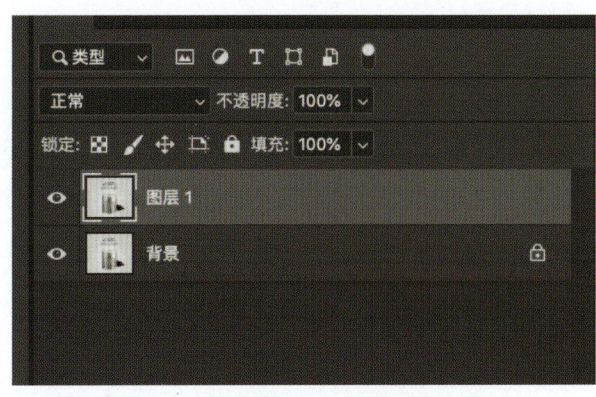

图5-93　复制图层

第二步，使用"选区工具"，为需要添加边框的文字设定选区，如图5-95所示。

图5-94　使用"选区工具"

图5-95　描边

第三步，设置边框的颜色和像素，边框宽度为5像素，颜色为R:200、G：196、B:196，如图5-96所示，设置好后点击"确定"按钮，图片的边框就设置好了，如图5-97所示。

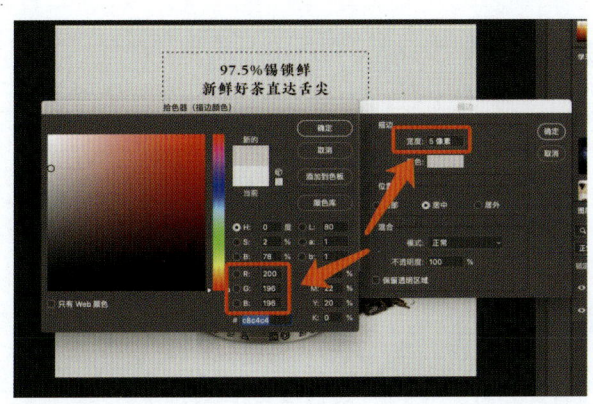

图5-96　设置边框的颜色和像素

图5-97　边框设置完成

第四步，按<Ctrl>+<D>快捷键取消选区，边框添加完成。

任务四　快速处理海量图片

【任务介绍】

平时我们在用Photoshop处理图片的时候，一般都是一步步地手动操作。但是如果大量的照片都要进行重复的操作就头疼了。在本任务中，我们将学习批量处理图片的基本方法。通过活动一，我们来学习批处理的使用方法，通过运用批处理，可以批量处理相同修改要求的图片，这个功能可以大大提高工作效率。

【任务实施】

活动　批处理商品图片

第一步，执行"文件"→"打开"菜单命令，打开想要调整的图片，如图5-98所示。

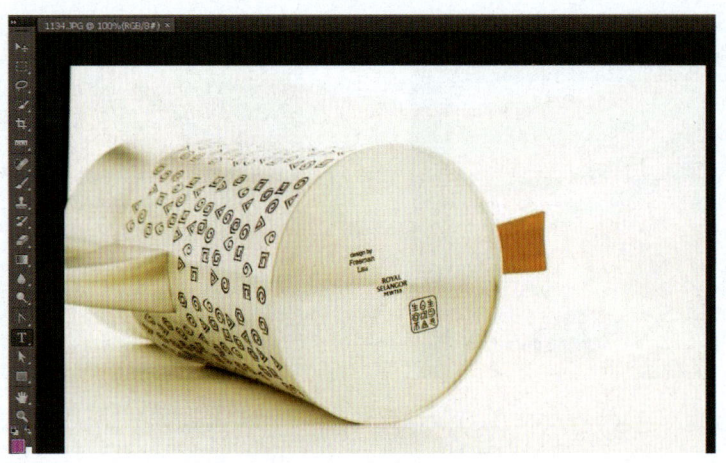

图5-98　打开图像

第二步，执行"窗口"→"动作"菜单命令，如图5-99所示。

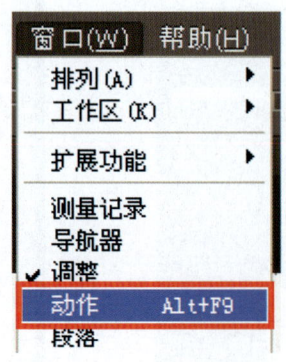

图5-99　执行"动作"命令

第三步，点击"新建组"，新建一个动作组，填写组名为"批量处理"，如图5-100所示。

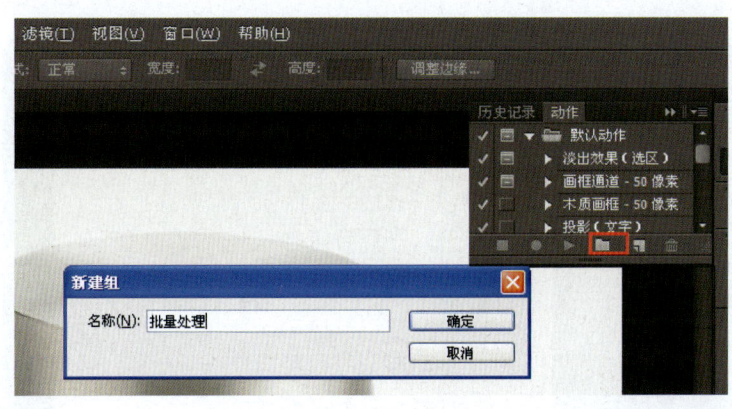

图5-100　新建组

第四步，点击"新建动作"，填写动作名称。此时所有操作就开始记录了，如图5-101所示。

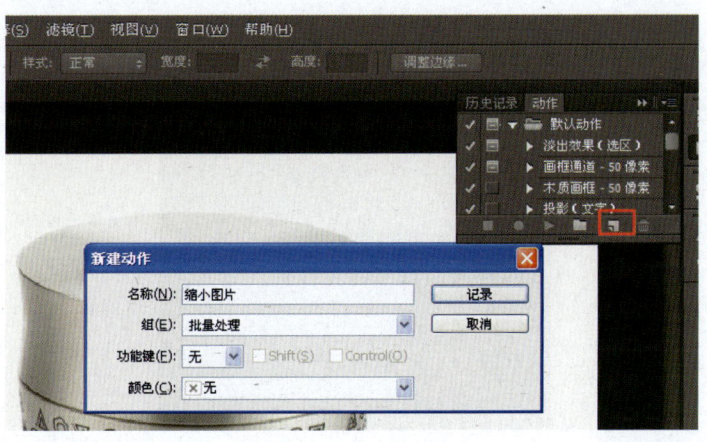

图5-101　新建动作

第五步，执行"图像"→"图像大小"菜单命令，如图5-102所示，对某张图片进行大小调整，设置大小为500像素*348像素，点击"确定"按钮，如图5-103所示。

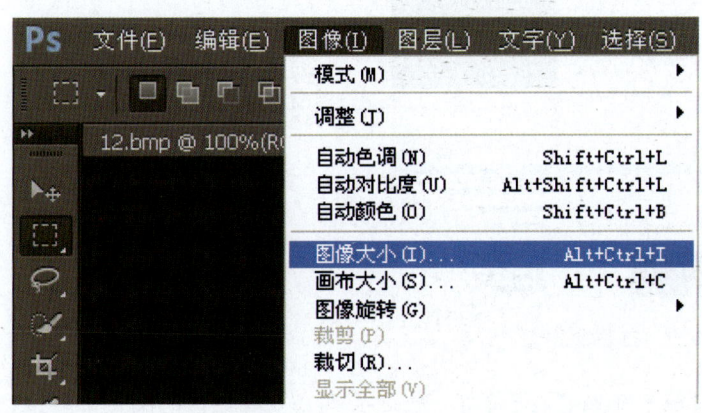

图5-102　调整图像大小

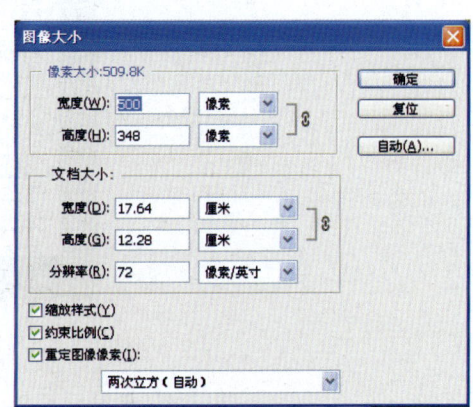

图5-103　设置图像大小参数

执行"文件"→"存储为"菜单命令，对调整好的图片进行保存，如图5-104所示。

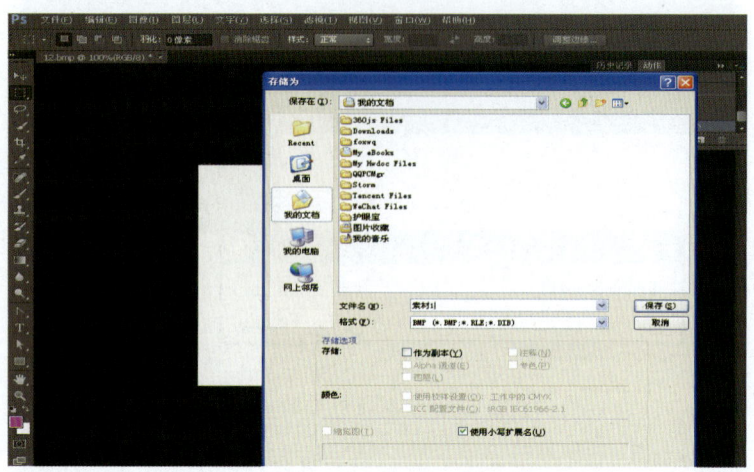

图5-104　保存图片

第六步，点击 ▢ 按钮，动作记录停止，如图5-105所示。

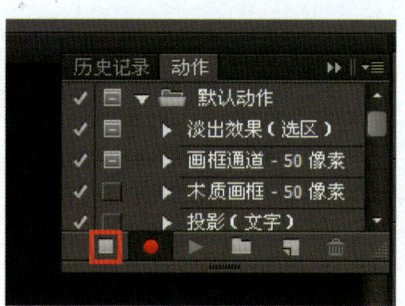

图5-105　停止动作记录

第七步，执行"文件"→"自动"→"批处理"菜单命令，如图5-106所示。

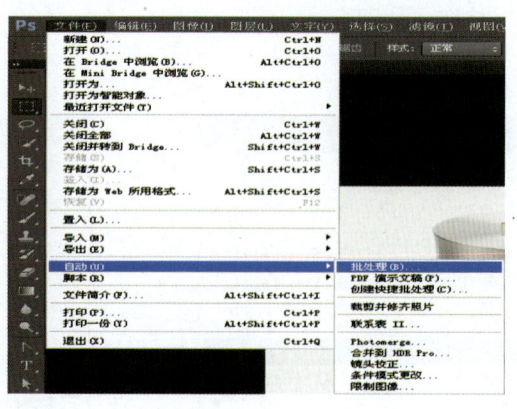

图5-106　自动批处理

第八步，选择需要进行批处理的图片素材文件夹，如图5-107所示。软件就会对文件夹里的图片进行批量处理，并自动存储处理好的文件，如图5-108所示。

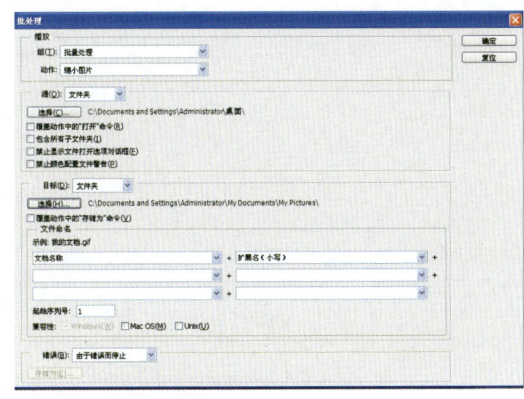

图5-107 设置批处理

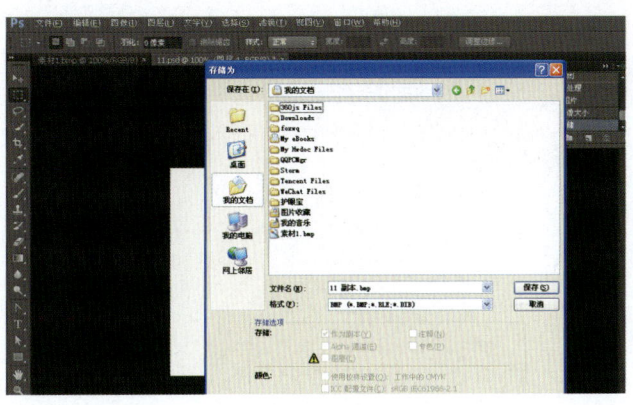

图5-108 处理完成

【任务评价】

过程考核评价表							
课程名称	商品信息采集与图片优化		学习任务	掌握处理商品图片的方法			
班级：	姓名：		学号：	指导教师：			
评价项目	评价标准	评价依据	评价方式		得分	总分	
^	^	^	小组评价（30%）	教师评价（70%）	^	^	
职业素质	1.语言表达能力和逻辑分析能力（10分） 2.具有科学、严谨、创新的工作态度（10分） 3.具有较强的安全生产意识、质量意识、环保意识（10分）	1.教学日志 2.考勤、值日 3.课堂表现记录 4.工作现场表现 5.现场6s管理					
专业知识与技能	1.掌握Photoshop软件中调整和修复图片的技能（40分） 2.掌握Photoshop软件中为图片添加特殊效果的方法（10分） 3.掌握Photoshop软件中为图片添加水印的方法（10分） 4.掌握Photoshop软件中批量处理图片（10分）	1.能够制作具有特殊效果的图片 2.能够制作带有水印的图片 3.能够进行批量处理图片 4.能够对图片进行基本处理					

项目六

商品详情页制作

【项目简介】

对于商品的详情页来说,其表现的信息量无疑是巨大的,一份好的详情页需要向消费者展示出产品的主要信息与特色,简单明了、要点突出。项目六通过分析红茶商品详情页的制作过程和设计思路,展示产品长图片制作的具体步骤。最后的检测和实践,我们将运用学到的图片处理知识与技能,掌握完整的商品详情页的制作方法。

淘宝商品详情页的规则与要求

1. 尺寸要求

天猫PC端详情页尺寸:宽度790像素,单张图片最好高度不超过1500像素;淘宝PC端详情页尺寸:宽度750像素。

2. 主图视频和宝贝视频的区别

主图视频:通常所说的9秒视频,展现在首图位置;宝贝视频:展现在详情页的最上方,时长可以稍微长一些。

3. 内容要求

包含首屏海报、场景图、卖点图、对比图、产品规格尺码表、买家秀、售后保障等。

【项目目标】

- 了解商品详情页的设计思路;
- 掌握多种商品详情页的制作方法。

【思政目标】

- 国产商品详情页的内容有效体现家国情怀,提炼中华优秀传统文化内涵。
- 在工作中具备良好的职业德道、专业的职业素养团队协作意识、爱岗敬业的职业精神、诚实守信的职业操守、遵纪守法的坚定信念、自主学习能力和探索创新能力。
- 作品能够表达独立的思想,有独立思考和判断的能力,不跟风,能够设计自己独特的风格。

一张好的商品详情页，务必做到内容清晰、卖点突出，在消费者浏览页面时，能够快速地抓住消费者的心理，促使其快速下单，达成高效率的转化。图6-1对详情页的设计思路做了归纳总结。

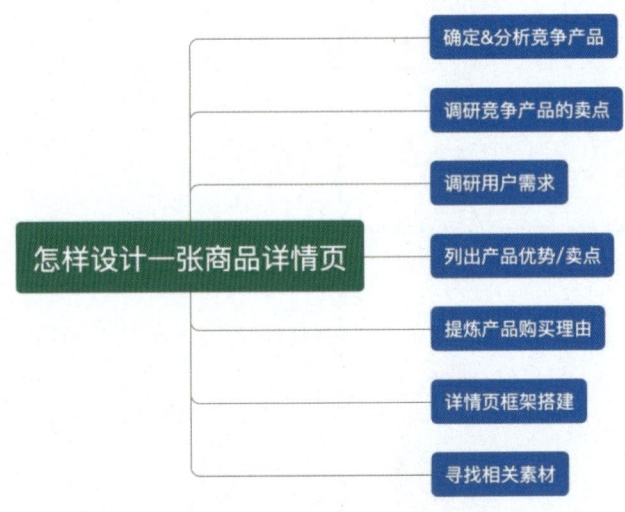

图6-1　详情页的设计思路

任务　制作具有品质感的红茶详情页

【任务介绍】

红茶是茶叶饮品中很常见的一类，红色的茶汤和香甜醇厚的味道受到了很多人的喜爱。任务中的商品详情页主题为红茶，主要的设计内容将包括产品展示、信息介绍、商品卖点、用法与品牌故事四个部分。通过学习红茶的商品详情页制作方法，体会饮品的设计风格。

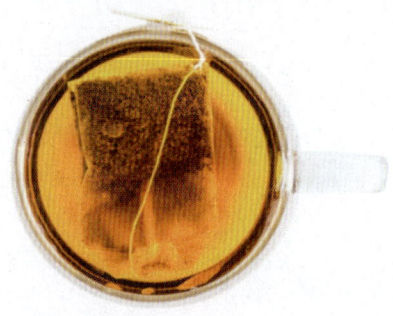

图6-2　任务商品：红茶

以下是对红茶详情页的四个部分进行分别介绍：第一部分为红茶产品展示部分；第二部分为红茶信息介绍部分；第三部分为红茶卖点介绍部分；第四部分为红茶用法与品牌故事部分。如图6-3所示。

图6-3 红茶详情页4个部分

【任务说明】

红茶详情页的长图片页面，展示顺序按照展示—信息—卖点—用法排列，详情页面尺寸为宽750像素、高9500像素。

【小贴士】

根据淘宝网的规则，详情页尺寸为750像素宽度，高度则根据商品本身实际情况而定。大小最好在500K，整体图片大小在3M以内。

【任务实施】

活动一 红茶商品详情页的设计思路

结合红茶的产品特征与功能特点，把红茶详情页的设计思路分为四个部分，商品展示、产品信息、卖点提炼和用法展示。

商品信息采集与图片优化

活动二　红茶商品详情页的制作

一、制作红茶展示页面部分

制作红茶的展示部分，共制作2张图片。

【操作步骤】

1.制作红茶展示页面1

1.执行"文件→新建"命令，在弹出的"新建"对话框中设置文档的各项参数，如图6-4所示。

单击菜单栏执行"文件"→"新建"菜单命令，输入新文件名称"红茶详情页"，设置空白文档的大小为"宽度750像素"、"高度9500像素"，"预设"选择"自定"，分辨率设为"72像素/英寸"，颜色模式设为"RGB"颜色，默认"8位"，背景内容设为"白色"，最后单击"确定"按钮。

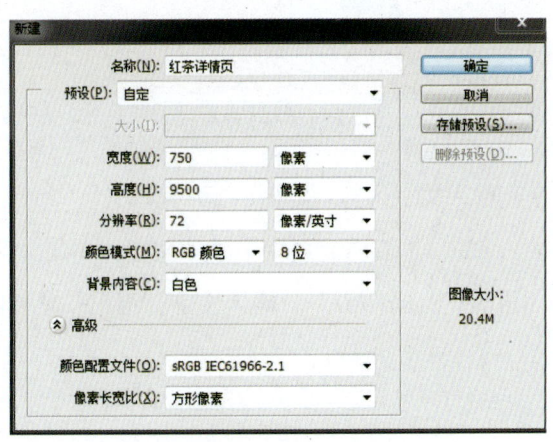

图6-4　新建图片

2.执行"文件"→"打开"菜单命令，将素材图片添加到空白画布中，如图6-5所示。

单击菜单栏执行"文件"→"打开"菜单命令，添加素材"红茶背景图1"到Photoshop软件中。在素材"红茶背景图1"上点击鼠标左键不放，将"红茶背景图1"的图层拖入到"红茶详情页"中，并放置于详情页图片的顶部。

图6-5　添加素材到详情页背景

3.执行"文件"→"打开"菜单命令，添加素材"lipton1"进行图标替换，如图6-6所示。

单击菜单栏，执行"文件"→"打开"菜单命令，添加素材"lipton1"图片，将该图片拖入红茶详情页中。接下来执行"视图"→"显示"→"智能参考线"菜单命令，移动素材"lipton1"并调整位置使其覆盖原有的logo图标。当素材"lipton1"图片居中对齐时，会有粉红色智能参考线出现提示对齐即可。

图6-6　图标替换

4.执行"横排文字输入"命令，输入文字内容，如图6-7所示。

单击工具栏"横排文字工具"，在"红茶详情页"中添加文字，单击"字体样式"选择"小单纯体"的字体，大小为"75点"，颜色RGB值为"218/67/62"，输入文字"泡出一整杯阳光"，调整每个字符的字间距为–100。

图6-7　输入文字

5.执行"菜单栏"→"图层"→"图层样式"→"描边"菜单命令，为文字增加白色描边，如图6-8所示。

单击菜单栏，执行"图层"→"图层样式"菜单命令，在弹出的"图层样式"对话框中选择"描边"并在框内打"√"。设置描边参数，大小"4像素"，位置"外部"，混合模式"正常"，"填充类型"为"颜色白色RGB255/255/255"，最后单击"确定"按钮。使用自由变换工具<Ctrl>+<T>选中文字，调整文字位置，完成字体效果设置。

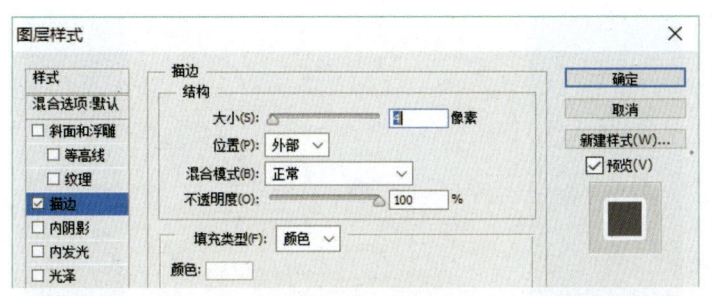

图6-8　字体图层描边设置

6.执行"横排文字工具（T）"→"文字变形"菜单命令，设计字体变形，如图6-9所示。

单击"横排文字工具"，在文字属性工作区上选择"创建文字变形"，在弹出的对话框中，选择样式为"增加""水平"，"弯曲"设为"10%"，如图6-9所示。

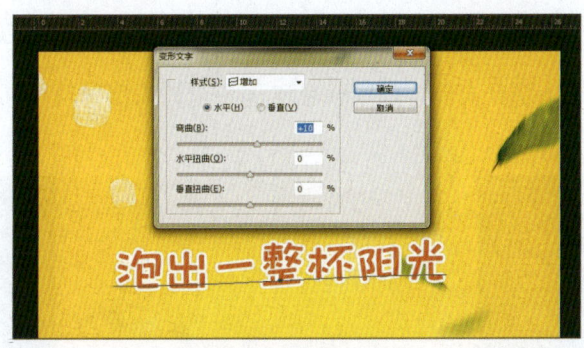

图6-9　字体变形

7.执行"文件"→"打开"菜单命令，添加"曲线"和"太阳"素材到文字下方，如图6-10所示。

将"曲线"素材拖入"红茶详情页"页面，使用自由变换工具（<Ctrl>+<T>）选中曲线，调整曲线素材的位置 X：369.00 Y：345.00。将"太阳"素材拖入"红茶详情页"页面，将曲线素材移动至文字下方。

图6-10　添加文字和素材后的效果

8.执行"文件"→"打开"菜单命令，添加"红茶主图"和"红茶包装"素材到"红茶详情页"中，调整大小与摆放位置，如图6-11所示。

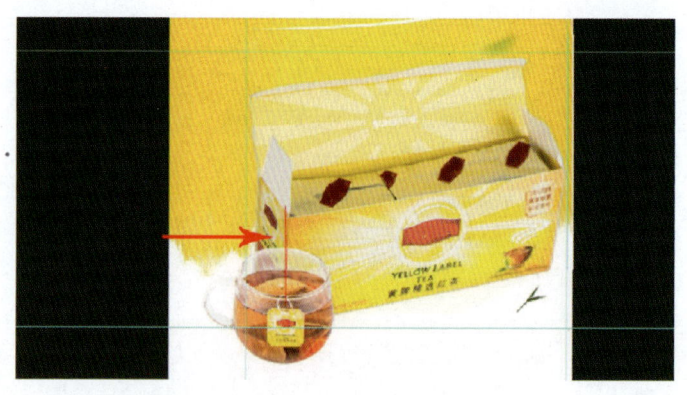

图6-11 添加产品图片

将"红茶主图"和"红茶包装"素材拖入"红茶详情页"的页面中并放置在"曲线"素材下方。首先使用标尺工具（<Ctrl>+<R>）调整"红茶包装"素材尺寸：左边缘为"145像素"，右边缘为"740像素"，竖向上部边缘为"415像素"，使用自由变换工具（<Ctrl>+<T>）将图片按左、右、竖向上标尺标出的范围，等比例缩放图片大小。接下来使用标尺工具调整"红茶主图"位置，将"红茶主图"放在"红茶包装"图层上方，"红茶主图"标签的中心点与红茶包装盒左侧线对齐。

9.执行"文件"→"打开"菜单命令，添加"红茶品牌信息"素材，如图6-12所示。

将"红茶品牌信息"素材拖入茶杯右侧，品牌信息底部与茶杯底部保持在同一水平线，品牌信息右边缘对齐背景图中的茶叶根部。

图6-12 添加红茶品牌信息

红茶展示页面1制作完成，如图6-13所示。

图6-13 红茶展示页面1

【小贴士】

为每个页面建立单独的文件夹，用于收纳本页所有部件，便于图片后期修改时识别各页面元素。单击图层工具栏的底部按钮"创建新组　"，双击新的文件夹图标修改组别名称，可按顺序页面或主要内容命名。按住<Ctrl>键，同时选择需要编组的多个图层，拖动至文件夹名称处，即可自动归类到此图层组下方。

2.制作红茶展示页面2

1.执行"文件"→"打开"菜单命令，添加"红茶背景图2"素材，制作详情页背景图，如图6-14所示。将"红茶背景图2"素材拖入"红茶详情页"的页面，调整大小至水平方向宽度与详情页面相同，竖向上部边缘起点为：650像素，终点为1170像素，竖向高度为520像素。将该素材置于"红茶展示第1张图片"的下方。

图6-14　添加红茶背景图2

2.执行"横排文字输入"命令，输入文字内容，如图6-15和图6-16所示。

单击工具栏的"横排文字工具"，在"红茶详情页"中添加文字，单击"字体样式"，选择"苹方"字体，大小为"50点"，颜色RGB值为"255/127/19"，字距设为"-20"，行距设为"100"。分别输入两行文字"泡上一杯红茶 享受每日阳光"。

选中"红茶"文字，设置字号为"82点"，其他参数不变。移动光标至显示为箭头，拖动文字位置，使标题"水平居中对齐"。文字位于"红茶主图"下方，两者间距为129像素。

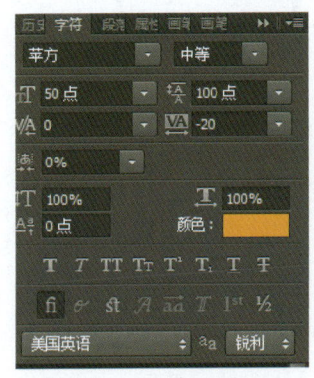

图6-15　添加文字

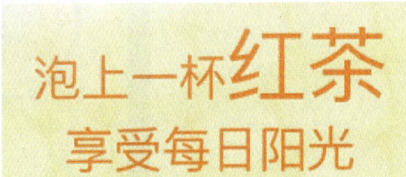

图6-16　文字效果展示

3.执行"文件"→"打开"菜单命令,添加"红茶素材"图片并调整位置,如图6-17所示。

将"红茶素材"图片拖入"红茶详情页"的页面,拖动位置调整至页面居中,茶杯手柄向右摆放,"红茶素材"图片与上部的文字上下间距为"50像素"。

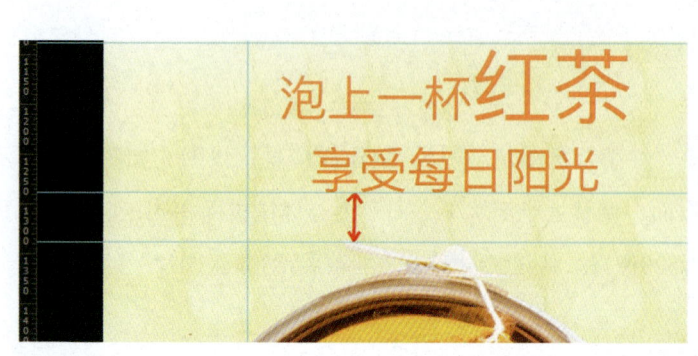

图6-17　添加红茶素材

4.执行"文件"→"打开"菜单命令,添加"绿叶"素材并调整位置,如图6-18所示。

分别将"绿叶1"和"绿叶2"素材图片加入"红茶详情页"的页面,选中"绿叶1"素材,按住<Shift>键不放,拖动角点,同比例调整图片大小,并且调整"绿叶1"素材位置放在茶杯的右下方。

组合两张图片,在图层面板中,将"绿叶1"素材图层置于"红茶素材"图层之上,"绿叶2"图层置于"红茶素材"图层之下并调整两张图片位置,使"绿叶2"成为"绿叶1"的倒影,使绿叶看起来更饱满、更立体。

图6-18　绿叶素材的组合

红茶展示页面2制作完成,如图6-19所示。

图6-19　红茶展示页面2

二、制作红茶信息部分

制作红茶的信息部分，需制作3张图片。

1.制作红茶信息页面1

1.执行"打开>文件"命令，添加商品图片并调整大小，如图6-20所示。

将"红茶"拖入"红茶详情页"的页面，位于详情页右侧，调整"红茶"素材大小，坐标位置X：536.00像素；Y：2164.00像素。

图6-20　添加商品图片

【小贴士】

在添加素材之前，需要对素材进行处理，例如去除背景，抠图等。

2.执行"横排文字输入"命令，将给定的如表6-1所示的文字信息添加到第一张图片的左侧。

表6-1　文字参数信息

名称：黄牌精选红茶
配料：红茶
净含量：100克（50包）
产品标准号：Q/TNBE 1003S
生产地：安徽省合肥市
原料产地：肯尼亚和斯里兰卡
贮存条件：放置于阴凉干燥处，避免阳光直射
保质期：24个月

单击"横排文字输入"工具,输入文字选择"苹方字体",字号设为"21点",行距设为"40点",字距设为"0"、颜色为"黑色",文字设置"左对齐",坐标位置X:270.00像素;Y:2267.00像素,如图6-21所示。

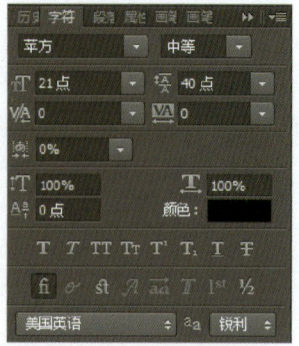

图6-21　文字参数信息

红茶信息页面1制作完成,效果如图6-22所示。

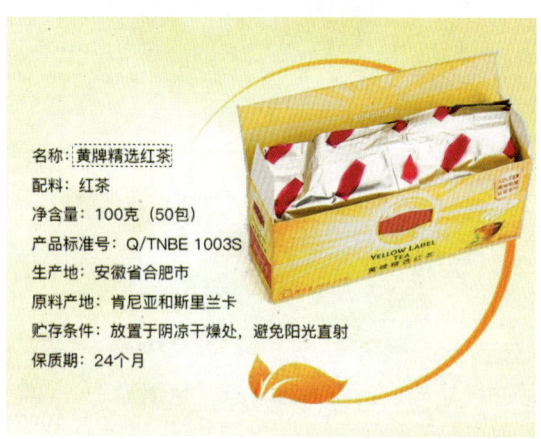

图6-22　红茶信息页面1

2.制作红茶信息页面2

1.执行"文件"→"打开"菜单命令,添加"红茶背景图3"素材,与红茶展示的背景图片相衔接,如图6-23所示。

将"红茶背景图3"素材拖入红茶详情页的页面,其宽度与页面相同。

图6-23　添加红茶背景图

2.单击"横排文字输入"工具,输入文字内容。在横排文本框中输入标题文字:"品尝着纯正香浓的红茶"。设置字体为"苹方",大小为"48点",字距为"-40",颜色RGB值为"255/127/19"。文字与上方内容的间距为70像素,如图6-24所示。

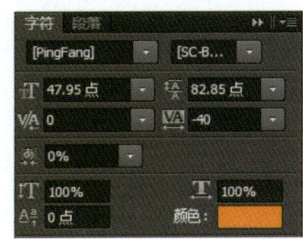 

图6-24　标题文字设置

在标题文字下方添加说明文字:"这一刻你准备好享受整个世界的满满阳光了吗?"。使用"苹方字体"、字体样式为"中等"、大小为"22点"、颜色为"黑色"、行距为"30"、字距为"-20"、文本"左对齐"。

加入英文文本:"Ready to pour another bright day?"。设置字体为"苹方"、大小为"15"、字距为"0",颜色为"黑色",与上方的中文字间距为10像素。

使用"移动工具",选中"说明文字"和"英文文本"两个文字图层,设置"左对齐",使这两个文本图层左边对齐。再使用键盘的左、右箭头进行移动微调,直至文本完全对齐,如图6-25所示。

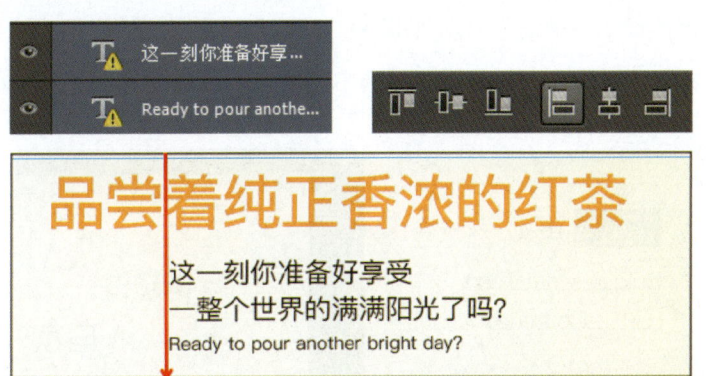

图6-25　添加文本文字

3.执行"文件"→"打开"菜单命令,添加"茶杯2"素材。将素材"茶杯2"拖入"红茶详情页"页面,使用自由变换工具(<Ctrl>+<T>)设置茶杯2的大小为"宽520像素","高310像素",茶杯2与上部文字的间距为115像素,并将茶杯居中摆放。红茶信息页面2制作完成,效果如图6-26所示。

图6-26　红茶信息页2

3.制作红茶信息页面3

1.执行"文件"→"打开"菜单命令,添加"绿色茶园和茶叶"的素材图片作为背景图,如图6-27所示。将"绿色茶园和茶叶"素材图片拖入"红茶详情页"的页面,与上部"茶杯3"图片的间距为115像素。

图6-27 添加"绿色茶园和茶叶"的背景图片

2.单击"横排文字输入"工具,输入文字内容。在横排文本框中输入四行文字:第一行:"行销超过",第二行:"150个国家",第三行:"Sold In More Than",第四行"150 Countries"。选择字体样式为"中等"、颜色为"黑色"、字体设为"苹方"、大小设为"32点"、行距设为"36"、字距设为"-40"、文本设为"左对齐"。这里需要注意的是第二行与第三行当中需要空一行作为间距。如图6-28所示。

图6-28 文字信息文字

分别选中两个数字部分,修改字号为"150点",颜色RGB值为"255/127/19"。第一行文字内容与"绿色茶园和茶叶"背景图上边界距离为100像素,整体文字与左边界距离为70像素,调整完成后的效果如图6-29所示。

图6-29 文字信息间距

3.执行"文件"→"打开"命令,添加"红茶包装盒"素材图片,如图6-30所示。

将"红茶包装盒"素材图片拖入"红茶详情页"的页面,调整位置使主体水平居中,缩放至整体宽度与两侧边缘距离为70像素。

图6-30 添加商品图片

【小贴士】

如果在抠图时,使用前景色为黑色的画笔擦去不需要的背景部分时,不慎将需要展示的内容擦除了,可以更换为半径更小的笔触进行修复,用白色将需要的部分涂抹出来。

4.单击"横排文字输入"工具,输入文字内容。分别输入文字:第一行"黄牌新装亮相",第二行"拥抱活力阳光"。将字体颜色RGB值设为"255/127/19"、字体设为"造字工房丁丁手绘体"、大小设为"90点"、行距设为"66"、字距设为"35",文本设为水平"居中对齐"。文字与上方素材"红茶包装盒"距离为40像素。红茶信息页3制作完成,效果如图6-31所示。

图6-31 红茶信息页3

三、制作红茶卖点部分

制作红茶的卖点部分，需制作两张图片。

【操作步骤】

1.制作红茶卖点页面1

1.执行"文件"→"打开"菜单命令，添加"红茶背景图4"素材，如图6-32所示。

将"红茶背景图4"素材图片拖入"红茶详情页"的页面，调整宽度与本页相同。移动背景图素材，使"红茶背景图4"图层位于上一张"绿色茶园和茶叶"背景图层的下方，两张背景图的上部边缘线重合。

图6-32 添加背景图

2.执行"文件"→"打开"菜单命令，添加"茶杯与茶包"图片和文字，如图6-33和图6-34所示。

将"茶杯与茶包"素材图片拖入"红茶详情页"的页面，使用图层蒙版进行抠图处理。单击"新建图层蒙版"，使用前景色为黑色的画笔，擦去不需要的背景部分，再换为半径更小的笔触，进行细节涂抹。调整位置使其位于坐标位置X：281.00像素；Y：4475.00像素。

单击"文字工具"建立两个文本图层，输入标题文字："独立包装"。字体设为"苹方"，字距设为"-40"，字体颜色RGB值设为"255/127/19"，字号设为"35点"；另起一行输入正文文字："茶叶细小均匀，易冲泡 让好茶味道快速释放"，字体设为"苹方"，字距设为"-40"，字体颜色RGB值为"51/51/51"，字号为"18点"、颜色为"黑色"、行距为"26点"，两行文字对齐方式为"左对齐"。调整两行文字的坐标位置X：608.00像素；Y：4476.00像素。

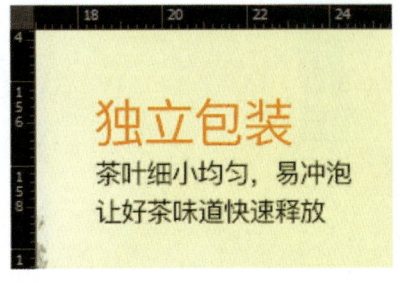 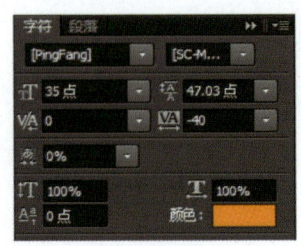 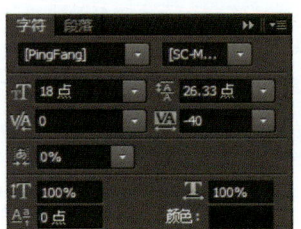

图6-33 文字设置

图6-34 添加图片

3.执行"文件"→"打开"菜单命令,添加"茶园"素材图片,如图6-35所示。

将"茶园"素材拖入"红茶详情页"的页面,使用剪贴蒙版展示所选部分图像。单击"椭圆工具",在中部的右侧画出长、宽均为13的圆形,位置应基本位于所需照片区域处。将本图层置于"茶园"素材图层的下方,在"茶园"图层单击右键,执行"创建剪贴蒙版"菜单命令,获得裁剪为圆形的茶园图片。移动圆形中部的图片位置,调整坐标位置X:465.00像素;Y:4868.00像素,所选素材部分的中心位于圆形的中心,使用<Ctrl>+<T>快捷键可进入调整状态,微调内部照片图的大小。

 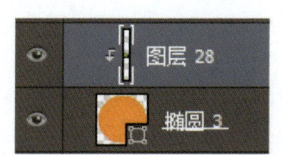 

图6-35 添加"茶园"素材图片

4.单击"横排文字输入"工具,输入文字内容,如图6-36所示。

输入文字标题:"优选茶叶",将字体设为"苹方",字距设为"-40",字号设为"35点",RGB值设为"255/127/19"。第二行输入正文:"选自三大红茶产地",第三行输入文字:"斯里兰卡的红茶",将字体设为"苹方",字号设为"18点",行距设为"26点",RGB值设为"51/51/51"。

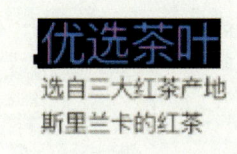 

图6-36 添加文字

项目六 商品详情页制作

5.执行"文件"→"打开"菜单命令,添加"茶杯1"素材图片,如图6-37所示。

选择"钢笔工具"制作曲线路径,使用钢笔工具进行茶杯抠图处理。选择钢笔工具,沿茶杯边缘画出钢笔路径,单击路径面版中"将路径作为选区载入"按键,将路径转换为选区,选择移动工具,将选区内的茶杯移至"红茶详情页"图中,完成茶杯抠图处理。

图6-37　图片调整效果

6.单击"横排文字输入"工具,输入文字内容,如图6-38所示。

在文本框中输入两行文字内容,第一行输入文字标题:"汤色诱人",将字体设为"苹方"、字距设为"-40"、RGB值设为"255/127/19"、字号设为"35点";第二行正文:"茶色红亮怡人茶香醇厚口感",将字体设为"苹方"、字距设为"-40"、字号设为"18点"。两行文字图层左对齐,调整坐标位置X:308.00像素;Y:5649.00像素。

图6-38　添加文字效果

7.执行"图层"→"新建"菜单命令,添加串联图片的曲线,如图6-39所示。

为以上3组图片添加一条贯穿上下的连接曲线。"新建图层",选择"钢笔"工具制作曲线路径,单击"茶杯与茶包"素材图片的底部,选择一个起点,然后按照从上到下的顺序,单击所需曲线路径上的锚点,此处选取空白中部、"茶园"素材图片左上各一点,形成钢笔路径。拖动中部锚点,可以调整曲线弧度。

图6-39 添加曲线效果

将前景色设为"橙色",RGB值设为"255/137/47",在工具栏中选择"画笔工具",将画笔的大小设为"3像素"。在路径面版的路径层上单击右键,选择"描边路径",选择工具下拉列表中的"画笔",单击"确定"按钮,完成上半段橙色弧线的绘制。

下段曲线为"茶园"素材图片和"茶杯1"素材图片的左侧相连,使用同样的步骤绘制。曲线起点为"茶园"素材图片圆形边缘的正下方稍偏左,终点为"茶杯1"上边缘左端稍偏上,中间点选取曲线经过的中部,拖动"锚点"调整弧度,在路径面版的路径层上单击右键,选择"描边路径",选择工具下拉列表中的"画笔",单击"确定"按钮,完成第二段弧线的绘制。红茶卖点第1张图片制作完成,效果如图6-40所示。

 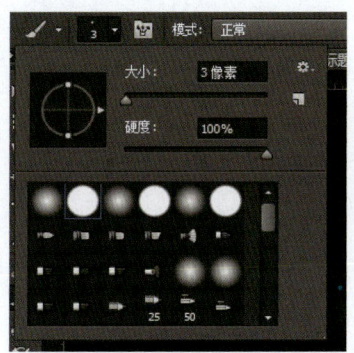 

图6-40 红茶卖点第1张图片

2.制作红茶卖点页面2

1.执行"文件"→"打开"命令,添加"红茶背景图5"素材图片,如图6-41所示。

将"红茶背景图5"素材图片拖入"红茶详情页"的页面,使该背景与"红茶背景图4"素材相衔接,使用"红茶背景图5"素材图片的弧形黄白部分作为背景。

单击"椭圆工具",画出长、宽均为16的椭圆,覆盖"红茶背景图5"素材中的绿叶部分,如图6-42所示。

项目六 商品详情页制作 | **175**

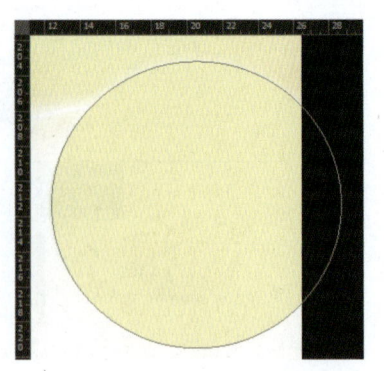

图6-41　添加红茶背景图5　　　　　　图6-42　添加椭圆形

将"茶农"素材图片加入"红茶详情页"的页面，并将该图层置于椭圆图层上方，用鼠标右键单击"茶农"图层，选择"创建剪贴蒙版"，完成圆形部分的裁剪。如图6-43所示。

图6-43　剪裁"茶农"图片

2.执行"文件"→"打开"命令，添加"茶杯4"素材图片，如图6-44所示。

将"茶杯4"素材图片拖入"红茶详情页"的页面，将该素材图层放置于"茶农"图层的上方，调整茶杯位置和大小，将宽设为"410像素"，高设为"315像素"，如图6-44所示。

图6-44　添加"茶杯4"素材图片

分别将"绿叶1"和"绿叶2"素材图片加入"红茶详情页"的页面，将两个素材图像放置在"茶杯4"的右下方。调整素材图层摆放位置，将"绿叶1"素材图片置于"茶杯1"图层之上，"绿叶2"置于"茶杯1"图层之下。切换移动工具，调整两张图片位置使"绿叶2"成为"绿叶1"的倒影。如图6-45所示。

图6-45　添加"绿叶"素材

3.单击"椭圆工具",绘制圆形,如图6-46所示。

使用"椭圆工具"画出宽52像素、高52像素的圆形,填充色RGB:255/127/19,描边色RGB:255/255/255,描边大小1点。

图6-46　绘制圆形

4.单击"横排文字输入"工具,添加文字,如图6-47所示。

输入标题文字"茶叶优",字体选用"苹方"、字号设为"35"、字体"加粗"、字距设为"-40"、颜色RGB值设为"255/127/19"。

输入正文第一行:"我们甄选100%斯里",第二行:"兰卡红茶",第三行"确保一贯的高品质和口味"。字体选用"苹方"、颜色RGB值设为"0/0/0"、字号设为"22点"、文本位置设为"左对齐"。

图6-47　制作圆形序号及输入文字

项目六　商品详情页制作

5.单击"横排文字输入"工具，添加序号，如图6-48所示。

在圆形图形内加入文字，输入序号：01，颜色RGB值为"255/255/255"、字体使用"DINCond"、字号为"44点"、字距为"-40"。将序号图层置于圆形图层的上方，调整坐标位置X：197.00像素；Y：6004.00像素。

 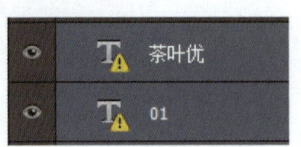 

图6-48 添加文字与序号效果

6.执行"复制"命令，添加圆形背景与序号，如图6-49所示。

将做好的"01"序号和圆形背景图进行复制，先在图层面板中复制序号和圆形背景图，再把序号和圆形背景图移动至相应的位置。使用文字工具分别修改序号。

图6-49 添加圆形背景与序号

7.单击"横排文字输入"工具，添加文字，如图6-50所示。

依次输入标题："茶园优""包材优""品控优""品牌优"，字体选用"苹方"、字号为"35"、字体"加粗"、字距为"-40"、颜色RGB值为"255/127/19"。依次输入序号：02、03、04、05，调整02、03的序号与正文左侧对齐，04、05的标题与正文左侧对齐，序号位于文字左端。

依次输入正文："茶园可追溯， 可持续现代茶园管理理念"；"选用欧洲进口滤纸 让你安心尽享美味""采用联合利华全球 质量管理标准""世界优质的百年茶品牌"。字体选用"苹方"，颜色RGB值为"0/0/0"、字号为"22点"、文本位置设为"左对齐"。

02号所有内容的坐标位置X：163.00像素；Y：6235.00像素。

03号所有内容的坐标位置X：162.00像素；Y：6428.00像素。

04号所有内容的坐标位置X：165.00像素；Y：6632.00像素。

05号所有内容的坐标位置X：570.00像素；Y：6680.00像素。

图6-50 复制添加文字与序号效果

四、制作红茶用法部分

制作红茶的用法部分，需制作3张图片，最后一张为品牌故事。

【操作步骤】

1.制作红茶用法页面1

执行"文件"→"打开"菜单命令，添加"泡好的红茶"素材图片，如图6-51所示。

将"泡好的红茶"素材图片拖入"红茶详情页"的页面，图片顶部与"红茶背景图5"素材图片的底部相衔接。

图6-51 添加图片素材

2.制作红茶用法页面2

1.执行"文件"→"打开"菜单命令，添加"红茶背景图6"素材图片背景，如图6-52所示。

将"红茶背景图6"素材图片拖入"红茶详情页"的页面，缩放宽度与本页相同。图片顶部与"泡好的红茶"素材图片底部相衔接。

项目六 商品详情页制作 | 179

图6-52　添加背景图片

2.单击"横排文字输入"工具，添加文字。如图6-53所示。

输入文字："准备好了吗？ 现在就开启你的立顿时刻"，字体使用"苹方"、字号设为"45点"、行距设为"56"、字距设为"-60"、颜色RGB值设为"255/127/19"、文本位置设为"水平居中"。

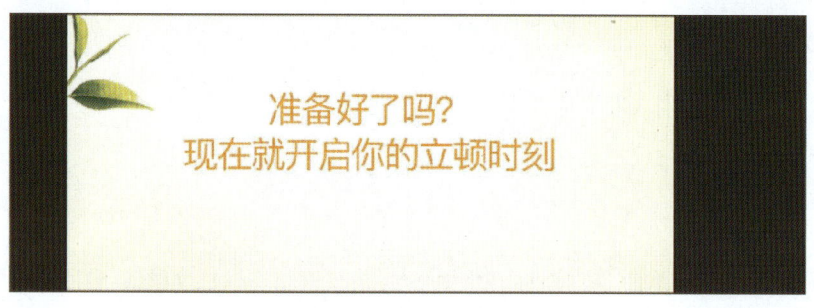

图6-53　添加文字

3.单击"圆角矩形工具"，绘制圆角矩形图形，如图6-54所示。

单击"圆角矩形工具"，将前景色设为"白色"，描边设置为"无"，半径"40像素"，画出"宽为329像素"的圆角矩形，坐标位置X：206.00像素；Y：7968像素。将其作为第一个步骤的背景。

图6-54　添加"步骤1"背景框

4.单击"横排文字输入"工具，添加文字标题，如图6-55所示。

添加文字标题："step1"，英文使用"Aspire字体"、字号设为"70"、字距设为"0"、颜色RGB值设为"195/56/0"；输入文字："茶包"，字体设为"苹方"、字号设为"26"、字距设为"-20"、颜色RGB值设为"255/127/19"。将两行标题"水平居中对齐",调整至本部分的左上方。文字"step1"与详情页的左侧边框距离为60像素,文字"step1"与文字"茶包"总高度为80像素。

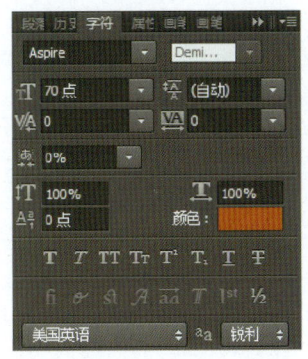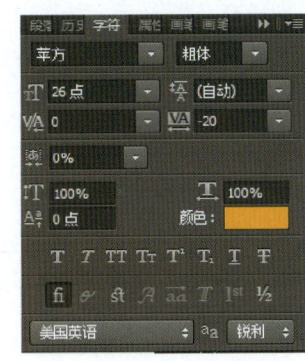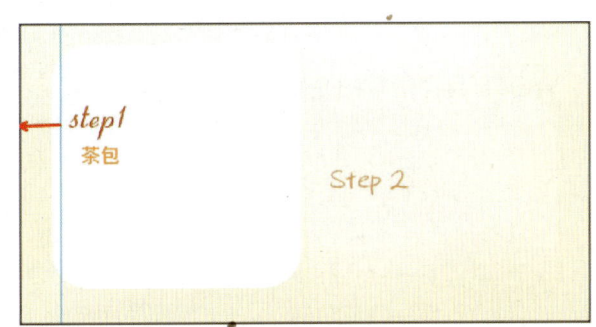

图6-55 添加文字

5.执行"文件"→"打开"菜单命令,添加"茶杯5"素材图片,如图6-56所示。

将"茶杯5"素材图片拖入"红茶详情页"的页面中,调整位置在文字标题右侧,两者处于相同水平位置,宽约150像素,高约100像素。

图6-56 添加素材图片

6.单击"横排文字输入"工具,添加文字,如图6-57所示。

输入文字:"将茶包放入杯中",将字体设为"苹方"、字号设为"24"、字间距设为"-40",文字颜色RGB值设为"0/0/0"。移动文本位置,距离中文标题高约65像素。

图6-57 添加"步骤1"内容

7.添加其他步骤内容,如图6-58所示。

其余3个步骤的操作方法与前面相同,将第一个步骤的全部图层复制并移动至相应位置,修改文字内容,替换图片素材即可。此处4个部分圆角矩形的左右上下间距各约为12像素。

文字"step2"与详情页的左侧边框距离为400像素;文字"step3"与详情页的左侧边框距离为60像素;文字"step4"与详情页的左侧边框距离为400像素。

图6-58　添加其他3个步骤

统一调整4个步骤各部分的位置,使水平和竖直的圆角矩形边线相应对齐。同一组图片素材包括序号文字、图片素材、正文文本、白色背景4个图层,移动位置时,按<Ctrl>键并分别点击这4个图层,全部选中后,在光标为箭头时拖动这组素材的位置,进行对齐微调。

红茶用法第2张图片制作完成的效果如图6-59所示。

图6-59　红茶用法第2张图片

3.制作红茶用法页面3

1.执行"文件"→"打开"菜单命令,添加"红茶背景图7"的素材图片,如图6-60所示。

将"红茶背景图7"素材图片拖入"红茶详情页"的页面,调整宽度与本页相同。背景图片上部与"红茶背景图6"的下部相衔接。

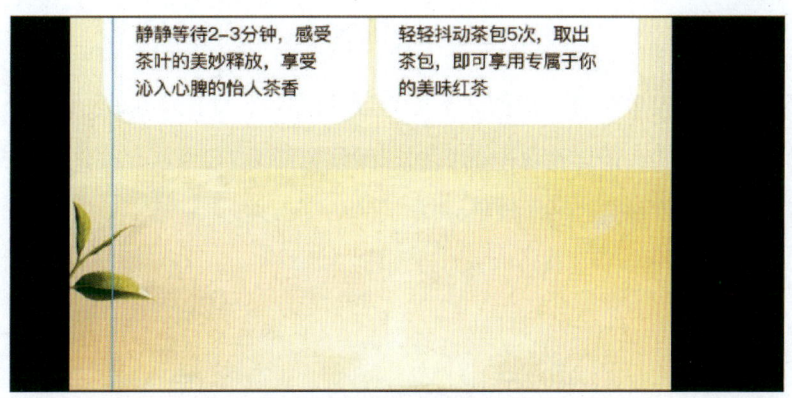

图6-60　红茶用法第3张图片

2.单击"横排文字输入"工具,添加如表6-2所示的文字信息,如图6-61所示。

表6-2　文字信息

1890年,红茶就已经在市场上出售,
至今已经行销至150个国家。
这款红茶,其美味一直被很好地延续至今。
都奉行"从茶园到茶杯"的品牌理念
确保每一杯红茶都能给你带来一份醇正体验。
斯里兰卡不仅是个美丽的国度
其红茶也被誉为"献给爱的礼物"
我们优选红茶为原料
每一片原叶
历经严苛工序,层层考验成就怡人茶香,醇厚口感
这一杯,延续美味的红茶是立顿
献给你的香醇幸福礼物

将输入的文字字体设为"苹方"、字号设为"22点"、行距设为"36"、字距设为"-40"、颜色RGB值设为"0/0/0"、文本位置为"居中对齐"。输入完成后,将文字移动到页面中间。

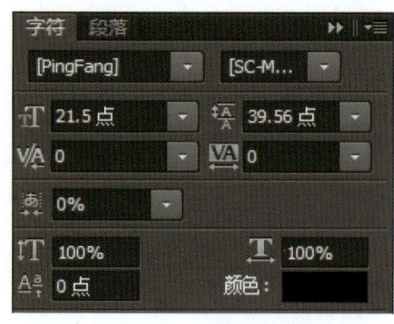 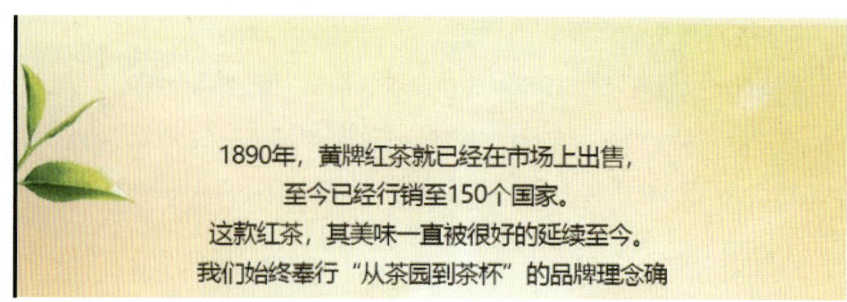

图6-61　添加文字

3.执行"文件"→"打开"菜单命令,添加"茶杯3"素材图片,如图6-62所示。

将"茶杯3"素材图片加入"红茶详情页"的页面,调整宽约为340像素,高约为255像素,复制之前所做的绿叶装饰,下边缘位置与茶杯平齐。

图6-62　添加红茶图片

4.执行"图像"→"剪裁"菜单命令,调整画布长度,最后调整画布的底部边缘。

如果下边缘有多余的空白区域,执行"图像"→"裁剪"菜单命令,剪去不需要的画布内容,最终完成红茶用法第3张图片的制作,如图6-63所示。

图6-63　红茶用法第3张图片

184　商品信息采集与图片优化

详情页最终效果如图6-64所示。

图6-64　立顿红茶详情页效果图（5张图组织了详情页的全部内容）

【任务评价】

过程考核评价表							
课程名称	商品信息采集与图片优化		学习任务	制作具有品质感的红茶详情页			
班级：		姓名：		学号：		指导教师：	
评价项目	评价标准		评价依据		评价方式		得分	总分
					小组评价（30%）	教师评价（70%）		
职业素质	1.语言表达能力和逻辑分析能力（10分） 2.具有科学、严谨、创新的工作态度（10分） 3.具有较强的安全生产意识、质量意识、环保意识（10分） || 1.教学日志 2.考勤、值日 3.课堂表现记录 4.工作现场表现 5.现场6s管理						
专业知识与技能	1.掌握饮品类商品详情页的制作思路（20分） 2.掌握饮品类商品详情页的制作方法（50分） || 1.能够通过分析，梳理出红茶商品详情页的制作思路 2.能够制作完成红茶商品详情页						